橡子之谜

ドングリの謎

[日] 盛口满 / 著

田田 / 译

贵州出版集团

贵州人民出版社

DONGURI NO NAZO —HIROTTE, TABETE, KANGAETA by Mitsuru Moriguchi

Illustrated by Mitsuru Moriguchi

Copyright © Mitsuru Moriguchi, 2011

Original Japanese edition published by Chikumashobo Ltd.

This Simplified Chinese edition published by arrangement with Chikumashobo Ltd., Tokyo, through Tuttle-Mori Agency, Inc.

Simplified Chinese translation © 2024 by Light Reading Culture Media (Beijing) Co.,Ltd.

All rights reserved.

著作权合同登记号 图字：22-2024-085 号

审图号：GS 京（2024）1727 号

图书在版编目（CIP）数据

橡子之谜：盛口满科学散文集 /（日）盛口满著；
田田译. – 贵阳：贵州人民出版社，2024. 10.
（N 文库）. – ISBN 978-7-221-18518-1

Ⅰ. Q1-0

中国国家版本馆 CIP 数据核字第 2024V5G991 号

XIANGZI ZHIMI（SHENGKOUMAN KEXUE SANWENJI）
橡子之谜（盛口满科学散文集）
[日] 盛口满 / 著
田田 / 译

选题策划　轻读文库　　　出 版 人　朱文迅
责任编辑　杨 礼　　　　　特约编辑　费雅玲

出　　版　贵州出版集团　贵州人民出版社
地　　址　贵州省贵阳市观山湖区会展东路 SOHO 办公区 A 座
发　　行　轻读文化传媒（北京）有限公司
印　　刷　天津联城印刷有限公司
版　　次　2024 年 10 月第 1 版
印　　次　2024 年 10 月第 1 次印刷
开　　本　730 毫米 × 940 毫米　1/32
印　　张　8.625
字　　数　148 千字
书　　号　ISBN 978-7-221-18518-1
定　　价　30.00 元

关注轻读

客服咨询

目录

Chapter
01
边捡边想

梦想成真

马来西亚沙巴州，占据加里曼丹岛一角的土地上，耸立着顶峰海拔4095米的基纳巴卢山。半山腰处有一条海拔约1500米的沿河小道，我独自一人行走其上。

林间的小道覆满落叶，蘑菇随处可见，树果散落一地。还有一种名叫"三叶虫红萤"、有着三叶虫般奇妙身形的无翅昆虫在四处爬行。我漫步在这样的小道上，不停地寻找着什么。

梦想成真瞬间来得猝不及防。

起初，我甚至不敢相信那是真的。

★……三叶虫红萤[1]
雌性成虫没有翅膀
体长47mm

1　本书插图系原文插图，均为作者盛口满手绘。（如无特殊说明，文中脚注均为译注。）

我的第一反应是一种"违和感"。那个掉在落叶间的东西像是在发出信号，告诉我它的意义非凡。可是，真的就是它吗？一个带着几道咬痕的树果，外壳坚硬，皱皱巴巴，形似核桃却比核桃要大得多。虽然很难立刻相信，但脑海中始终有个声音在对我说："就是它了，绝对没错！"直到今天，当时那种心如鹿撞的感觉还是让我记忆犹新。

我已经无暇关注周围的其他景物，一心想着还能不能找到更多。我站在那个树果掉落的位置扫视了一圈，却没有发现更多树果。接着，我想到它有可能是从高处滚下来的，于是把目光投向了山坡上方的地面。幸运的是，恰好有条岔路通往山坡之上。我缓步踏上了那条岔路。

找到了！

果然不出所料。

山坡上方有形状完整的树果，而且比刚才的那个还要大。空荡荡的树林里，我一个人高兴得手舞足蹈，沉浸在这场初遇的喜悦之中。

那是世界上最大的橡子。不，准确来说是世界上最大等级的橡子（形状近似于直径5.5厘米的球体，干燥后的重量约为120克）。

自从我在很久以前读过某本书后，就一直把它的存在藏在心底。"加里曼丹岛上有小孩拳头那么大的橡子。"那本书里描述的东西，现在就沉甸甸地躺在我的手心上。

自儿时起捡橡子

有时我会觉得自己像一只貉。并不是因为长得像，而是因为在行为特征上有相似之处。

虽说貉的行为在不同的生活环境中有所差别，但它们通常都在半径几百米的活动范围内来回走动，捡各种各样的东西来吃。貉还有集粪的习性，会把粪便排在固定的位置。如果到它们集粪的地方看一看，很可能会发现和剩饭一起吞下的塑料袋、未经消化的种子、昆虫的残渣、小动物的碎骨等，貉捡到了什么食物一目了然。

我是个爱观察大自然的人，最喜欢的事情就是边走边捡。比如在树林里四处游逛，把掉落在林间小道

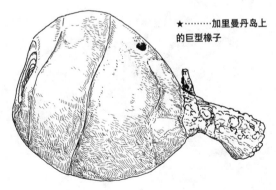

★⋯⋯⋯加里曼丹岛上的巨型橡子

上的东西捡起来欣赏。在海边看到被潮水冲上岸的垃圾堆，我也会欣喜万分。因此，无论是我家还是我所任职学校的理科研究室里，都摆满了我捡回来的东西，俨然一派"集粪地"的景象（其中确实有我从貉粪堆里挖出来的种子之类的）。

此前，我之所以会写《动物尸体的博物志》（动物出版社／筑摩文库）这本书，只是因为在捡东西时偶然碰到了动物的尸体，绝非因为我对动物的尸体有什么特殊的癖好。那本书出版以后，有个自称业余推理小说家的人给我寄了封怪吓人的信，说"希望您能告诉我如何处理人的尸体，以便我在写作时加以参考"。我这才意识到自己在别人眼中是个什么形象。

尽管如此，现在我每到秋天还是会执着地捡橡

貉会在固定的位置排便，有"集粪"的习性

★┈┈┈┈貉

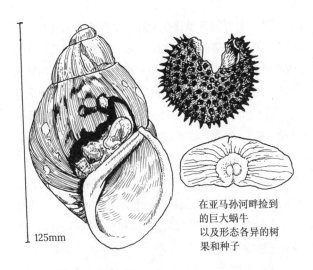

在亚马孙河畔捡到
的巨大蜗牛
以及形态各异的树
果和种子

125mm

子。还是个孩子的时候，我就曾因为捡了满满一纸箱
的橡子，被母亲嗔怪道："捡那么多干吗？还不如捐
到动物园去！"（我现在都不知道动物园到底收不收橡子。）

此时此刻，我的纸箱里依然堆着许多今年秋天捡
到的橡子。我究竟是跳过了成长阶段，从孩子直接变
成了大人，还是在成长过程中某个地方没有长大，我
自己也不太清楚。

将来的梦想

我出生在千叶县的馆山市。因此，我对大自然的
体验是从海边开始的。我把从海滩上捡来的贝壳放进

纸箱里，所有的纸箱摆在一起几乎能碰到天花板。我在小学毕业文集的"将来的梦想"一栏写的是"在亚马孙河畔建一座博物馆"——的确像是爱捡东西的人会有的梦想。与此同时，我的心里还藏着"去加里曼丹岛捡巨型橡子""去加利福尼亚看世界上最大的海蛞蝓（身体长达1米）被海潮冲上岸"等小小的梦想，它们都和"博物馆"的梦想一脉相通。

然而，在千叶大学的生物系攻读完森林生态学课程后，我就在埼玉县饭能市的一所私立中学以理科教师的身份走入了社会，既没有移居到亚马孙河畔，也没有去博物馆上班。

这所学校有点与众不同，它注重学生的自主性和

★……亚马孙的森林

独立性，换句话说，就是基本上没什么校规。遇到问题时，我们不会统一"参照校规处理"，而是针对每个问题进行探讨，逐一决定解决方案。在这种制度下工作相当累人。学校的课程也不以教材为中心，而是本着"学生想学、老师想教"的宗旨，大力提倡教师自主设置教学计划和开发教材。然而，这一点也是说起来容易做起来难，我每天都过着手忙脚乱的日子，一晃就是十五年。

"说起我小时候的梦想……"

我时常在课上半开玩笑地和学生们聊起这回事。大家听了都纷纷点头，似乎觉得那正是"螳螂蜥蜴先生"（这是我在学校里的绰号）该有的梦想。

★·········正在为解剖貉做准备的学生们

这所学校的学生大多性格直爽。前些日子，我偶遇了刚当老师那会儿带出来的学生，他们几个就像串通好了似的，一脸认真地问我："螳蜥先生，您现在还想建博物馆吗？"

　　我当时真的很难堪，只好支支吾吾地含糊作答。正好，捡到之前那颗巨型橡子的机会来了。我久违地又一次捡起了橡子，这时的心境已经与小的时候大不相同。

　　说不定捡着捡着，我就能想到该如何妙答他们的提问了呢！我逐渐萌生了这种想法。

前往加里曼丹岛

　　"暑假有什么安排？想不想去加里曼丹岛？"

　　暮春时节，大学时期的友人阿烟给我打来了电话。当年我们同属于生物系的森林生态学研究室，还一起在屋久岛的山里做过植物调查。他现在在千叶县立中央博物馆当研究员，继续着对针叶树的研究。没想到善于交际、对"捡东西"毫无执念的阿烟最后进了博物馆，而与他截然相反的我倒当了老师，这种事我每每想来都觉得很神奇，但现实的确如此。不管怎样，我和他意外地投缘，还没等他往下细说，我就已经跃跃欲试地支棱起了耳朵。

　　"眼下，一群日本学者正在加里曼丹岛的基纳巴

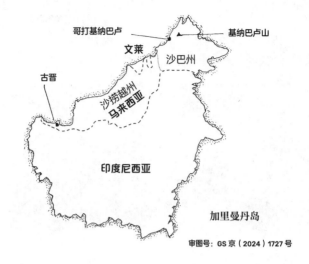

哥打基纳巴卢　　　　基纳巴卢山
文莱　　沙巴州
古晋
沙捞越州
马来西亚
印度尼西亚
加里曼丹岛

审图号: GS京（2024）1727号

卢山上做热带雨林的生态学研究。还有，最近马来西亚政府打算在哥打基纳巴卢建一座博物馆……"

　　阿烟后面的话大致可以概括如下：据说马来西亚政府已经兴致勃勃地建好了博物馆的场馆，但由于缺乏办展技术和资金，政府给在基纳巴卢山上做调查的各国学者分别指定了一个板块，让他们负责该板块的策展。日本学者负责的板块是"森林"（德国学者负责"昆虫"板块，美国学者负责"民俗学"板块），而"森林"板块最关键的部分，是用绘画来展现基纳巴卢森林的样貌。因为没有聘请专业画师的预算，一位学者来问阿烟认不认识既不收钱又时间充裕、了解植物，还会画画的人。

"于是我就推荐了你。"

也不知道我该哭还是该笑。

"具体情况你和那位学者见面之后直接问他吧！"

阿烟对一时没有回话的我说。但其实那个时候我已经暗暗下定了决心，我要在热带雨林里和学者们并肩行走，以绘画为业——这份工作不正和一直藏在我心中的那个"博物馆"梦想息息相关吗？于是一放暑假，我就把画笔和速写本塞进背包，兴冲冲地向着加里曼丹岛进发了。

基纳巴卢国家公园

从日本到沙巴州的首府哥打基纳巴卢，每周有一趟直飞航班。我刚一迈入闷热的空气中，日本学者团里的武生先生就迎了上来。汽车载着我们穿街而过，一路向着基纳巴卢山公园的主园区驶去。自那之后的三周左右，我都游走在基纳巴卢山的森林里，为展览用的画收集素材。

由于森林采伐和耕地化的推进，即便是在加里曼丹岛，现在也很难看到原始森林最初的样貌了。前往基纳巴卢山的路上，我看到的都是受到人为影响的次生林，其中很多树上明显残留着被山火烧过的痕迹。幸而，基纳巴卢山一带被指定为国家公园，那里的原始森林得到了很好的保护。基纳巴卢山是海拔4000米以上的高山，生长着兰花、猪笼草等多种稀有植

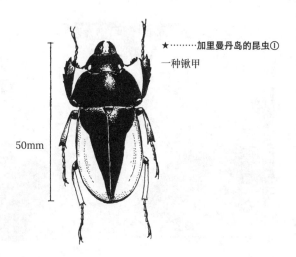

★⋯⋯⋯加里曼丹岛的昆虫①
一种锹甲

50mm

物，吸引了很多来自外国的登山者。海拔约1500米处的公园主园区也是登山的起点，里面建有几家旅馆和餐厅。

为了便于游客们在林间漫步，主园区的周围延伸出了几条"自然观察路线"。由于登山者众多，通往基纳巴卢山山顶的那条路被修建得十分平整，任何人无须特殊装备就可以轻松攀登。然而，占地754平方千米的国家公园只是这片森林的一小部分。即使不走出很远，只要往规定路线外的森林里迈出一步，就基本不会撞上其他人了。日本学者团在基纳巴卢山的这片森林里框出了几个学名叫"样方"的地块，针对地块内的森林进行各方面的调查。

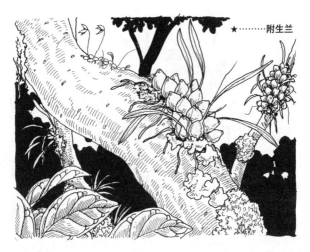

★……附生兰

比如，森林下方的土壤里都包含哪些成分，形成土壤的落叶每月会掉落和分解多少，当然，还有每种树是怎样生根发芽的，在与四季分明的日本截然不同的全年恒温的热带雨林里，每种树于何时如何开花，等等。气温、降水量和光照变化也是调查的对象。一位在我逗留期间赶来的学者甚至在调查植物是如何渗透进山火遗址的，以及一种叫"棕榈藤"的棕榈科藤本植物在森林中的生存状态。

焦虑的第一个夜晚

这种规模的森林调查绝不是一个人能完成的。基

★⋯⋯⋯棕榈藤
一种多刺的棕榈科藤本植物

纳巴卢山相当高，即便是公园内部的森林，低处和高处的情况也完全不同。为此，学者们需要框选出很多处"样方"来进行对比。日本各个大学和研究所的学者都集结在这里，对这片森林进行综合性调查研究。有些学者每隔一个月来这里待两周，一年中在日本和加里曼丹岛之间往返数次；也有些年轻学者兼任起主园区的宿舍管理员，在当地一住就是一年。我住的就是学者团租用的一间宿舍。

学者们在这里的研究成果不仅会以论文的形式发表，还会被用作森林保护工程的基础数据。作为日常调查场地的获予方，日本学者团在得知哥打基纳巴卢要建博物馆后，非常想借此机会报答场地提供方的恩情，为马来西亚人民的环境教育出一份力。因此，我绘制的画需要足够大，以学者们的研究成果为基础，

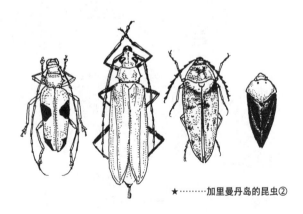

★⋯⋯⋯加里曼丹岛的昆虫②

把基纳巴卢山从低到高千姿百态的森林面貌统统展现出来。

汽车开了2个小时左右才把我送到宿舍，中途下起了倾盆大雨。接机的武生先生是一位年轻学者，以前也在屋久岛做过杉林调查，现在是某家研究所的研究员。除了他之外，住在宿舍里的还有另外两名学者，他们是负责对基纳巴卢山的树木进行分类的大学教师。

回过神时，我发现自己已经紧张得说不出话了。

虽说我好歹也算接触过一点森林调查，但那已经是十五年前我还在上大学时的事了，我早就"金盆洗手"了。当年半途而废的我完全就是个"半吊子"选

★………在几十米高的树塔平台上进行观察的学者

手，此时此刻被专家学者团团包围，我感到无比惭愧。而且，直到这时我才意识到，我这个过来画画的人甚至连画家都不是！

我真的能把森林的样子完完整整地画出来吗？

我本就容易打退堂鼓。大老远地赶来基纳巴卢之后，后悔的念头逐渐占据了我的内心。我蜷缩在睡袋里，满怀焦虑地度过了在这里的第一个夜晚。

令我不安之物

次日，我的林间漫步便开始了。

经过与武生先生的商讨，我一共要绘制四幅画，通过它们去介绍基纳巴卢山上最具代表性的四种森林。

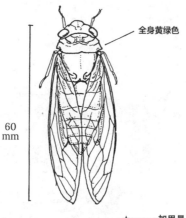

全身黄绿色

60 mm

★⋯⋯⋯加里曼丹岛的蝉

首先要画的是位置相对较低的、海拔500米处的波令森林。地势从州首府哥打基纳巴卢到公园主园区一路走高，又从主园区向内陆一侧逐渐降低，波令森林便坐落于这片低地上。第二个要画的是海拔1500米处的山地森林，从宿舍走到那里只需15分钟。接着就是登顶途中会遇到的亚高山森林，海拔3000米左右。最后是山顶上（海拔4905米）的灌木林。每到一处，都先由学者为我大致指明路线，我再独自一人进入森林写生。

　　波令森林中有一处温泉，据说是"二战"期间由日军挖出来的，四周分布着几家旅馆和几条自然观察路线。稍稍偏离观察路线的位置上有一处样方，那里就是我要画的森林。

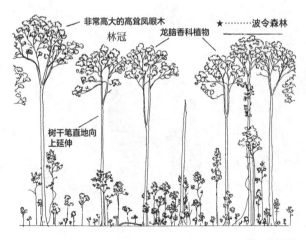

我听着难以名状的蝉鸣声，对着高达60米的大树进行速写。孤独的身影时站时坐，一会儿看看上面，一会儿看看两边，让森林的样子在速写本上逐渐成形。我在现场画的只不过是大致的草图，正式的底稿是回到宿舍之后才完成的（誊画到实际尺寸的纸上则是回到日本之后的事了）。

　　这还是我第一次独自在热带雨林里行走。对于此刻的我来说，可怕的并不是人们通常以为的毒虫或毒蛇，而是猩猩。我刚决定去加里曼丹岛的时候，一个朋友曾对我说："能见到猩猩可真好啊！"我当时也这么想。

　　猩猩固然不会把我抓走吃掉，但在这片波令森林

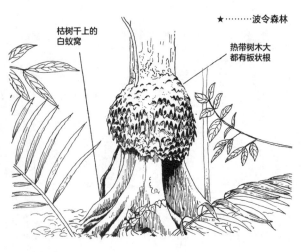

★⋯⋯⋯波令森林

枯树干上的
白蚁窝

热带树木大
都有板状根

里，有两只由人类散养的小猩猩——由于森林遭到破坏，它们一度接受过人类的保护，现在人类这么做是为了让它们重新回归自然。不知为何，这两只小猩猩的好奇心十分旺盛，已经成了"抢劫的惯犯"。

"我的衬衫就被抢走了。"武生先生说。至于我，要是速写本被抢走那可就万事休矣！咔沙……树上一旦有什么动静，我就会惶恐不安地抬头张望。所幸的是，我至今都没在地面上撞见过猩猩。

爬上参天大树

虽说要画森林，但我肯定不能把眼前的风景原封不动地画下来。对于那些高达几十米的参天大树，我只能以某个截面将它们分割开，再去画它们的侧视图。

就算我仰头向上看，树木顶端的样貌也会被树叶遮挡，完全看不清楚。我有时会围着一棵树绕来绕去，从偶尔透出的缝隙间窥视树顶那些繁茂的叶片，心里想着"那里应该是这么长的"，然后落笔。

然而实际试过就会知道，这一招很多时候是行不通的，因为肯定会有无论如何也看不到树顶的情况。学者们也面临着和我一样的困扰。

一位和我同住宿舍的学者每天进入森林前，都要先在路边捡一些小石子。这些小石子被用作子弹，由强力弹弓射到高大的树上打下叶片，以便人们鉴别树的种类。使用弹弓的是一位杜顺族[2]青年，他是学者团在当地聘请的助手（由于小时候经常用弹弓打鸟，他的弹弓技艺非常娴熟）。弹弓这种东西，用得好的话能打掉叶片，用得不好的话，使用者自己可能会被石子打伤。

如果想看叶片之外的部分该怎么办呢？按照正常的思路来想应该是爬树，但这可是个大工程。热带的树通常又瘦又高，成年树木哪怕是最低的枝条也有几十米高。要爬这种树，首先需要在十字弩（弓箭的一种）的箭头上拴一根细线，然后以高超的技艺往树枝上射箭，使细线挂在上面。接着，人们需要把一根绳子系

★⋯⋯⋯基纳巴
卢山的鸟
白喉扇尾鹟

2　又称卡达山人，马来西亚沙巴州内最大的族群。

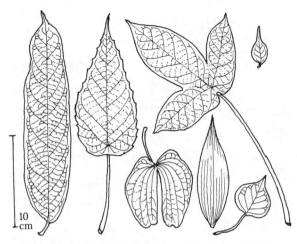

★⋯⋯⋯基纳巴卢山上的各种树叶

在细线上，再拽着绳子往上爬。

我在基纳巴卢山遇到的另外一位学者说，他每月都这样拽着挂在树枝上的绳子爬一次树，以观察树上的花和新叶如何生长。由于仅仅是顺着绳子爬下来都很费劲，他一天能爬三棵树就已经算是顺利的了。更不理想的是，他爬树的地区还总爱起雾。

"有时候为了等雾散，我得在绳子上挂一个多小时！"

"没有掉下来过吗？"

"还没。不过，我的老师Y先生说他有一次从20米高空掉下来后陷入了昏迷，直到三天后才苏醒。"

天哪！我可不想遭遇这种不测。

在高高的树顶上工作

学者也是普通人。况且，大家需要长年累月地对森林进行观察，总靠绳子上树效率未免太低。为解决这个问题，一种名叫树塔的长期观测站被发明了出来。

树塔的建造方法，是先沿着森林中特别粗大的树干搭建梯子，再在那棵树的顶部建造出一个供人观察的平台。有些树塔之间会通过吊桥相连，使人们的观察范围进一步扩大。

树木枝繁叶茂的顶部叫作林冠。得益于各种观察法的发明（除了树塔观察法之外，还有使用热气球、起重机等

★⋯⋯⋯在树塔平台上
（生活在林冠的生物）

黄胸鹟莺

的观察方法），近年来针对林冠的研究越来越多。相比地面，昆虫和鸟类的种类在林冠处要丰富得多，有些动物甚至一辈子都不会下到地面上来。此外，开花结果——这项对于树木繁衍后代至关重要的活动也是在林冠进行的。动物们被花果吸引而来，主动承担起传播花粉和搬运种子的任务，与树木建立了多种多样的关系。在整个热带雨林中，动、植物间的关系最为繁复的地方非林冠莫属。

　　站在地面仰望高高的林冠，我忽然意识到，植物们正在为了"光"进行着无比激烈的竞争！藤本植物和附生植物总是"机灵"地钻到有稳固树干的植物之上，分走本属于后者的那份阳光。我在波令森林里见过一种蕨类植物，专门附生在林冠附近的树枝上。这类"机灵"的植物往往有它们独特的生存技巧，比如那种蕨类就拥有两种叶片。它们不同于树木，无法在土里扎根，却能用一种叶片进行光合作用，同时用另一种叶片将自己的根部包裹起来，将掉落的树叶和水滴快速转化为土壤的替代物。

　　我对着那株因为枝条断裂掉落在地的"机灵"蕨类（或许这一株应该叫"马虎"蕨类？）一边写生，一边窥探存在于遥远上空的奥秘。

在摇晃的吊桥上

波令森林里的树塔被做成了旅游设施。

具体做法是，先沿着斜坡上方的树干搭建一座能让游客踩着台阶往上爬的塔，再从塔顶放下吊桥，连接到斜坡下方的树上。如此一来，即使斜坡上方的树塔其实没有多高，吊桥顶端的平台相对于斜坡下方的地面也足足高出30米。吊桥还会继续延伸，连起另外两棵树，最后回到斜坡上方的又一座树塔上，整条路线长达50米左右。

据说在加里曼丹岛的蓝卑尔，日本学者们为了搞研究，只用一把铝梯加一根安全绳来代替吊桥，相当

根部覆盖着变形后的叶片

★⋯⋯⋯附生蕨类植物

危险（而那位Y先生不系安全绳就能在梯子上跑来跑去）。相反，波令森林里的吊桥毕竟是正规的旅游设施，两侧均设有绳网护栏，绝对不用担心会掉下去。然而即便如此，在摇摇晃晃的吊桥上举着相机拍照，还是需要些勇气的。我写生的时候也只会挑树塔平台作为据点，不会去吊桥上。

有一回，我在树塔上遇到了猩猩。

偏偏还是在我刚踏上吊桥的时候！当时我的脖子上挂着相机，周围没有任何人能帮我转移猩猩的注意力。在吊桥上微笑着与好奇心旺盛的猩猩擦肩而过？我可没有这种本事。于是，我慌里慌张地退回到平台，把相机装进了背包。

高耸凤眼木 →

★⋯⋯⋯树塔之间的吊桥

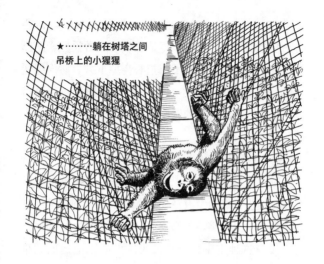

★⋯⋯⋯躺在树塔之间
吊桥上的小猩猩

再次看向吊桥时，我发现那只猩猩正在盯着我看。接着，它一边紧盯着我的脸，一边灵巧地沿着吊桥的吊索（真厉害！）走了过来，最后若无其事地消失在了树顶。真是虚惊一场⋯⋯

看着它矫健的身影，我不禁感慨，原来它们也是林冠的常客啊！

切身感受热带森林

在波令热带雨林的最上方开枝散叶的，是豆科的高耸凤眼木和龙脑香科的树木。它们都有着突出地表的板状根，几十米高的树干直插云霄。

★⋯⋯⋯柳安属树木
我去波令森林的那年
硕果累累

高耸凤眼木有着微微泛灰的光滑树皮，波令森林里的树塔平台都搭建在这种树上。

龙脑香科的树木则有好几种，树干均呈深褐色，上面有纵向纹路。这些树的木材也叫柳安木，已经大量出口到了日本。最具特色的要数这些树的树果，你可以把它的样子想象成一个羽毛毽子。虽然属于双子叶植物，但其实"毽子"上的"羽毛"数量从两根到五根不等，颜色也从鲜红到深褐不一而足。我来波令森林的时候正值龙脑香科树木的结果期，这时即使站在地面，也可以看到许多长着红黄"羽毛"的树果垂挂在空中。我像往常一样边走边捡，最后居然收集到了6个种类的"羽毛"，其中最大的一根长达20厘

29

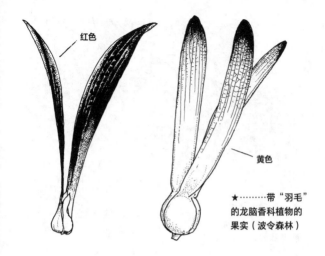

红色

黄色

★·········带"羽毛"
的龙脑香科植物的
果实（波令森林）

米！我试着把树果抛向空中，那些"羽毛毽子"便滴溜溜地转着圈缓缓降落。只不过，那个长着20厘米长"羽毛"的树果自身也相当庞大，因此不是"滴溜溜"，而是"咕咚"一下就掉在了地上。经过查证，这些"羽毛"的作用并不是让树果能乘着风飞得更远，而是让树果从高高的树上落地时得到些许缓冲。

学生时代的一节森林生态学课上，教授曾经给大家传看过一个龙脑香科植物的巨大树果。"原来这就是热带的树果！"那个树果给当时的我留下了很深的印象（课上讲的内容却已经忘光了）。而现在，我正一边捡着这种树果一边漫步，切身感受着真正的热带森林。

看世界上最大的花

波令森林里还有大王花。

大王花又称"世界上最大的花"，它们寄生于葡萄科的藤本植物，自身没有茎叶，像是从寄主藤蔓上开出的一朵突兀的大花。大王花是东南亚特有的植物，目前约有40个已知品种，其中尺寸最大的品种是阿诺尔特大王花（最高纪录为直径1米左右）和凯氏大王花（最高纪录为直径90厘米左右）。

这次，我在波令森林里看到了凯氏大王花。大王花的开花时间并不固定，花期只有短短几天。况且，我也不可能知道大王花会开在密林中的什么位置，因

★……… 凯氏大王花

寄主藤蔓

竹林

此完全没有抱能看到它的希望。我记得多年以前，电视上曾经播过一期长达一个半小时的节目，名叫"寻找梦幻的大王花"。既然电视节目都要播那么长时间，大王花肯定特别难找——从那时起我就这么觉得。

"啊，快看，那边有大王花的牌子！"

我顺着学者N指的方向看去，发现通往波令森林的一条路旁果真竖着一块画有大王花的牌子。我就是以这种奇妙的方式，与"梦幻"的大王花相遇的。

这究竟是怎么回事呢？原来那块牌子后方的农场后院有一片竹林，里面就生长着大王花，大约每年开花一次。每当那朵大王花开花，农场里的人就会像这样竖起一块牌子，以收取少量参观费为条件，将后院

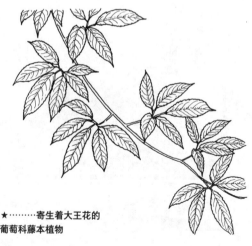

★………寄生着大王花的
葡萄科藤本植物

的竹林对外开放。竹林和大王花？这两样东西听起来简直风马牛不相及，但那朵大王花确实就开在竹林里。

它的直径有60厘米，红色的花瓣肉质肥厚，像一朵被随意搁在竹林地面上的人造假花——当然只是看起来像而已。至于大王花为什么会长在竹林里，是因为它的寄主——葡萄科的藤本植物生性喜阳。波令森林里也有过大王花开花的记录，大概是因为当时有棵大树倒下，造就了易于藤本植物生长的环境。靠近农舍的竹林里也具备同样的环境。其实不一定非得是竹林，靠近人家的树林一般都规模较小，而且经常遭到砍伐，相比于森林深处更适合藤本植物生存。

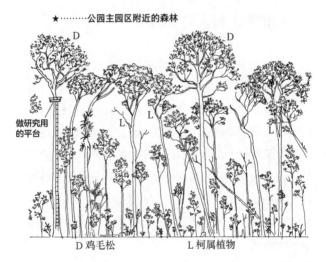

★‥‥‥‥公园主园区附近的森林

做研究用的平台

D 鸡毛松　　　　　L 柯属植物

说起来，"热带雨林"和"热带丛林"这两个词经常被混为一谈。亲身在热带雨林中走一走就会发现，雨林里的路出奇地好走——由于高大树木组成的林冠遮蔽了阳光，下方的低矮植物无法丛生。因此，它根本不是"丛林"。然而，大树有时也会倒下，在雨林中暴露出一块明亮的空间，丛林就是在这种大树不复存在的地方出现的。在倒地大树的附近或是陡峭的斜坡上，通常会有纤细的植被盘根错节，行走在丛林中的人有时会被带刺的藤蔓钩住，寸步难行。

在这片森林里，我遇到了许多憧憬已久却从没想过真会发生的奇事，心中的后悔和焦虑似乎也消减了许多。

捡世界上最大等级的橡子

虽说是热带，但在海拔较高的公园主园区一带（海拔1500米左右），一到晚上也会降温。

从日本的夏季过来的我对这里的凉夜毫无防备，一不小心就被冻感冒了。即便如此，这里的路边还是生长着某种野生香蕉（里面密密麻麻的都是种子），毋庸置疑，这里属于热带。而同样是热带，同样是加里曼丹岛的基纳巴卢山，在刚才提到的波令森林（海拔500米处）和公园主园区一带，森林的样貌和能捡到的东西也截然不同。

★………**鸡毛松**

加里曼丹岛，基纳
巴卢山
生长在海拔1500米
处的高大树木

　　主园区一带的森林主要由一种叫"鸡毛松"的罗汉松科针叶树和壳斗科的柯属、栎属植物组成。

　　可食柯是柯属植物，枹栎是栎属植物，它们都结橡子。我在前文中提到自己在波令森林里捡到了龙脑香科植物的树果，那种树果只有热带才有。而在主园区一带的森林里捡到的橡子，在我平时居住的埼玉县饭能市的杂树林里也十分常见，让人完全没有身处热带之感。

　　不过于我而言，比起在波令森林里边走边捡，还是在主园区一带的森林里边走边捡更有意思。因为橡子这位"老朋友"的"新面孔"总是会让我感到莫大的惊奇。

★·········加里曼丹岛的橡子①

哈维兰德柯

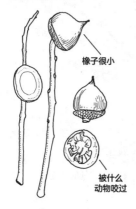

橡子很小

被什么
动物咬过

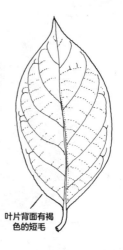

叶片背面有褐
色的短毛

　　我家附近的树林里能捡到枹栎、小叶青冈和青冈
的橡子，偶尔还能看到人工种植的可食柯。顺便补充
一句，栗和柯这些能结橡子的植物一样，都属于壳斗
科植物。

　　那么，基纳巴卢山的半山腰处情况如何呢？在这
里，已知的栎属植物有11种，柯属植物则多达35种
（此外还有12种锥属植物）。如此看来，橡子显然不是日本
所处的温带特有的植物，热带才是各种橡子真正的大
本营。如果放眼马来西亚全国，仅仅是柯属植物就有
110个已知品种。

　　比日本的橡子还要小的橡子、外壳厚得离谱的橡
子、表面长着一层茸毛的橡子……只要走在这片森林

★·········加里曼丹岛的橡子②

里，就会与各种各样的橡子相遇。对于想捡橡子的人来说，没有比这片森林更让人心潮澎湃的地方了。我在这里待了三个星期，走过的森林仅仅是全部森林的一小部分，捡到的橡子种类也极其有限。但即便如此，我还是有幸遇到了开头提到的那个巨型橡子。

橡子究竟是什么？

时间快进。从加里曼丹岛回来以后，我迫不及待地把那个巨型橡子拿给我的朋友远知炫耀。

远知是我在学校里的同事，负责教日语课（在普通的高中里叫国语课）。人们都说，我们这所学校不光是学生，就连老师也是"奇人"居多。就拿远知来说吧，她只要一天没碰烟和酒，那肯定是生了什么大病——同事之间都已经心照不宣。她这样一位"奇人"，也是我边走边捡的同好之一。

"这真的是橡子？它的橡碗呢？你确定不是大核桃？"

远知一看到那个巨型橡子就问。

"如果这也算橡子的话，橡子的定义究竟是什么呢？"

在对巨型橡子表示惊讶之前，她先把这样一个问题抛给了我。这个反应完全在我的意料之外，我一时不知道该如何作答。

想想看还真是！我在亲眼见到巨型橡子之前，先是从书本上学到了有关它的知识，所以才能在看到它时立刻认出它是橡子。如果是第一次见的话，应该很少有人能认出来吧？

好友亦是良师——这句话虽然老套，我却深以为然。我不是在捡到橡子的时候，而是在把捡到的橡子拿给朋友看的时候，才在朋友反应的帮助下与巨型橡子真正重逢。因为直到这时，我才意识到巨型橡子把"橡子究竟是什么"这个问题摆在了我的面前。

我从小就捡橡子，但迄今为止，我还从没认真思考过橡子究竟是什么。

到底有没有"橡子树"？

橡子究竟是什么？

每当要回过头来思考这种基础性的问题，我都会先去问问我的学生。身为"生物盲"的他们给出的答案，往往能为我这个轻度"生物宅"带来一些关键性的启发。

"欸？橡子不就是橡子树的果实吗？"

一上来就是如此绝妙的回答。

"核桃也属于橡子吧？"

"那榛子呢？"

"杏仁是不是也算？"

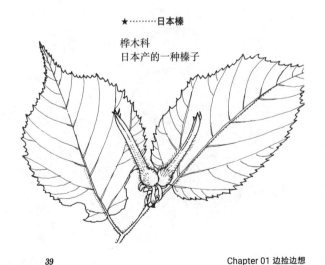

★⋯⋯⋯日本榛

桦木科
日本产的一种榛子

这下可好，学生们又提出了许多我意想不到的问题。原来"橡子"在他们心中的定义远比我想象的模糊得多。当然，他们也知道通常意义上的橡子是什么样的，但似乎又不太确定其他外壳坚硬的树果算不算非通常意义上的橡子。

　　那么，生物学书籍上是如何定义橡子的呢？

◎青冈、枹栎等壳斗科树木的种子。
◎壳斗科栎属树木的果实名称。
◎除栗和锥之外的壳斗科树木的种子。
◎栎属、锥属和柯属植物的种子。
◎壳斗科栎属和柯属植物果实的总称。

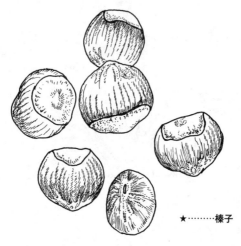

★⋯⋯⋯榛子

让我没想到的是，就算是在生物学书籍上，有关橡子的定义也不尽相同。这么看来，学生们搞不明白也就不奇怪了。

橡子的定义

虽然书上对橡子的定义不尽相同，但这些定义在一点上是共通的，即橡子是"壳斗科植物的果实或种子"（究竟是果实还是种子，我会在后文中谈到）。

现在我要先回答一下学生们的问题。核桃、榛子和杏仁分别属于胡桃科、桦木科与蔷薇科植物的果实，不符合上面说的共通点，因此它们都不是橡子。

各种定义的分歧之处在于"科"下面的"属"这

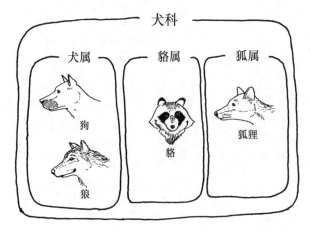

一级分类，即究竟哪些属的植物会结出橡子。关于科和属，让我们拿貉和狗来举个例子：貉和狗都是食肉目犬科动物，但狗为犬属（狼也一样），貉为貉属，两者同科而不同属。同理，壳斗科的植物也分为很多的属。下面我将按照不同的属，罗列出日本常见的壳斗科植物（遇到没听说过的树名直接一眼扫过就好，阅读后文时也是）。

栎属——枹栎、蒙古栎、麻栎、栓皮栎、槲栎、槲树、青冈、赤栎、小叶青冈、白背栎、冲绳白背栎、云山青冈、长叶栎[3]、赤皮青冈、乌

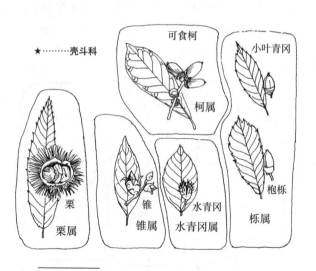

★………壳斗科

可食柯

柯属

小叶青冈

栗

栗属

锥

锥属

水青冈

水青冈属

枹栎

栎属

---

3   学名 *Quercus hondae*。（编注）

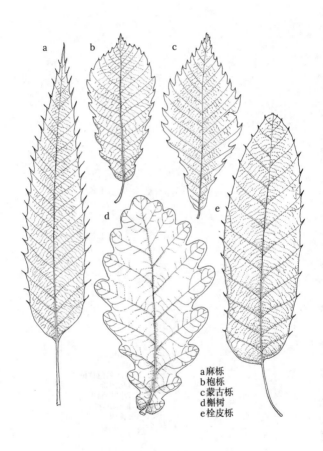

a麻栎
b枹栎
c蒙古栎
d槲树
e栓皮栎

Chapter 01 边捡边想

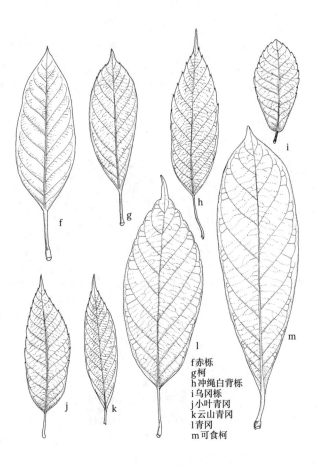

f 赤栎
g 柯
h 冲绳白背栎
i 乌冈栎
j 小叶青冈
k 云山青冈
l 青冈
m 可食柯

冈栎。

    柯属——可食柯、柯

    锥属——锥

    栗属——栗

    水青冈属——圆齿水青冈、日本水青冈

大体情况如上。说实话，我自己在查阅资料以前，一直以为枹栎和青冈是两种不同属的植物，因此在得知二者同属时着实吃了一惊。我之所以会那样以为，是因为总想着枹栎是落叶乔木，而青冈是常绿乔木（二者分别属于栎属之下的"栎亚属"和"青冈亚属"，被统一归在栎属之下是因为它们的花有共通之处）。

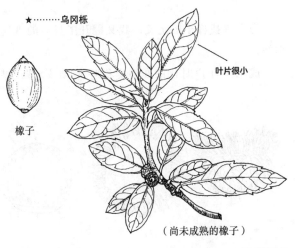

★·········乌冈栎

叶片很小

橡子

（尚未成熟的橡子）

Chapter 01 边捡边想

我已经介绍过了壳斗科的各个属。那么，究竟哪些属的植物的果实或种子算是"橡子"呢？

◎所有的壳斗科植物？

◎栎属、柯属和水青冈属？

◎栎属、柯属和锥属？

◎栎属和柯属？

◎只有栎属？

对之前那些定义进行一番整理提炼后，我得到了这样几种观点。

大栎小栎

为了寻找橡子的定义，我又翻开了日本的古代典籍。

成书于江户时代的《物类称呼》（岩波文库）堪

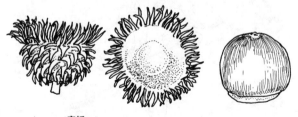

★·········麻栎

称日本最早的方言辞典，其中明确收录有"橡子"一条。

然而，这本书里也只写到麻栎、枹栎之类的植物会结橡子，橡子的具体判定标准是什么还是没有写清。

下面让我们看看由贝原益轩撰写、同样成书于江户时代的《大和本草》（有明书房）里是怎么写的。在这本书中，"栎"一词被分为四个种类：第一种"大栎"即麻栎；第二种"小栎"的果实与可食柯相近，名叫橡子；第三种是槲栎；第四种是栓皮栎——和现代植物学中栎属之下的栎亚属植物种类基本相同。

在这里，我发现了一个之前完全没有注意到的

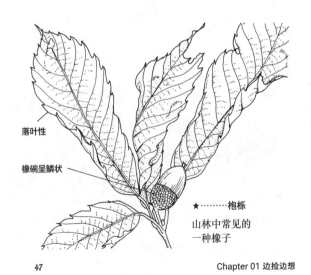

落叶性

橡碗呈鳞状

★………枹栎

山林中常见的
一种橡子

地方。那就是枹栎其实就是"小栎[4]"，而与之相对的参照物则是"大栎"（麻栎）。从词条的设置顺序来看，作者应该是把"大栎"（麻栎）算作了最具代表性的栎。

说起来，橡子其实也有"团栗"这种写法，"橡子"的发音也许就是从"团栗"演变而来的[5]。"团"这个字往往会让人联想到圆形，以这个标准来看的话，大概只有麻栎的果实才算是真正的橡子。然而《大和本草》中却说，其实枹栎的果实才叫橡子。

也有人认为"橡子"的发音并非来自"团栗"，

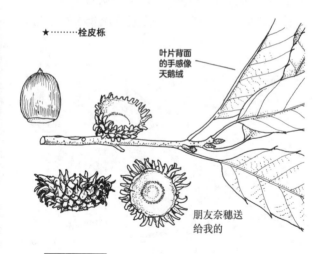

★⋯⋯⋯栓皮栎

叶片背面的手感像天鹅绒

朋友奈穗送给我的

4　日文中"小栎"的发音与"枹栎"相同，均为 konara（コナラ）。

5　日文中"橡子"与"团栗"发音相近。

而是日本在汉字传入以前就已经有了"don"这个发音，意思很可能是"不可以"。人们用这个发音来称呼味道苦涩不可食用的树果（引自《阿尼玛》杂志第166期斋藤新一郎氏的文章）。然而如果真是这样，与枹栎果实同样苦涩的麻栎果实也应该叫橡子才对。

在古代，麻栎也被称为"橡"，它的果实同时也是一种很重要的染料（颜色为偏黑的褐色）。或许，麻栎之所以叫"大栎"，不仅是因为它的果实很大，还因为它自古以来就在人们的生活中发挥着重要的作用。

虽然我们还无法确定"橡子"的语源是"团栗"还是"don"，但根据我的推测，"橡子"这个词最初应该是用来指代麻栎的果实的。到了江户时代，"大栎"和"小栎"的说法逐渐被废除，"麻栎"成了对"大栎"的一般称呼。而随着语言的演变，"橡子"一词的含义也逐渐从"麻栎的果实"转变为"枹栎的果实"，甚至有时会变成像《大和本草》中记载的那样，仅指代枹栎的果实。

名正言顺的"巨型橡子"

"橡子"最早指的是麻栎或枹栎的果实。然而，这个说法也不完全准确，因为有些地方根本就没有"橡子"这个说法。接下来我会展开进行说明。

日本地形南北狭长，因此，不同地区生长的壳斗科植物也不一样。每个地区对壳斗科植物的果实都有各自的称呼。"橡子"最开始也是一种方言，成为通用语后，其含义才逐渐将各地壳斗科植物的果实涵盖在内。到了明治时期，本草学被生物学取代，人们急需将植物的各种旧称与最新的植物学分类对应起来，这是近一百年来才发生的事情。

这么看来，也难怪橡子的定义会如此众说纷纭。如果只从语源来看，应该只有栎属植物的果实才属于橡子。

然而无论是就外观还是个人体验而言，我都认为除了栎属之外，柯属植物的果实也应被纳入橡子的范畴。在后面的文本中，我也想以此作为橡子的定义。

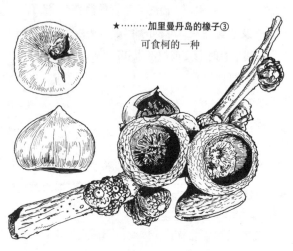

★⋯⋯⋯加里曼丹岛的橡子③

可食柯的一种

至于为什么，原因是我小时候口口声声喊着"捡橡子"而捡了一大箱子的，其实都是可食柯的果实。如今要把如此珍贵的记忆改口说成"捡可食柯的果实"，我可不愿意。

此外，我还有一个疑惑。

根据牧野富太郎[6]的观点，橡子的语源"团栗"中"栗（kuri）"的发音来自"黑（kuro）+ 实（mi）"。"栗"字在表示果实的同时也可以用来指代树木本身。

反观"橡子"一词，果实叫橡子的树可以是枹栎，也可以是麻栎（这也是造成定义混乱的原因之一）。为什么只有"橡子"这种果实没有对应的同名树木[7]呢？

★……落在林间的巨型橡子

6　牧野富太郎（1862—1957），日本植物分类学之父。

7　中文里用"橡树"泛称壳斗科植物，但日语中没有这种说法。

如果像学生说的那样，"橡子就是橡子树的果实"，事情则会变得简单很多。

"橡子"这个词本身就蕴藏着许多谜团。但不管怎样，以我的定义来看，前面提到的那个巨型橡子是柯属植物的果实，因此可以被名正言顺地称为"巨型橡子"。

彻底长反

让我们暂且把橡子的定义放到一边。远知不认为巨型橡子是橡子的主要原因不在于它的尺寸，而在于它的橡碗。

一听到橡子，人们最先想到的大概不是它属于壳斗科的哪个属，而是一个从橡碗下方露出光滑硬壳的

★⋯⋯⋯巨型橡子的俯视图

除了顶端，其余部分均被橡碗包裹

坚果。然而我捡到的那个巨型橡子却与这个形象完全不符。

"它的橡碗呢？"

远知问了这样一个问题。但其实仔细观察就会发现，她的问题说反了，应该问的是："光滑的部分呢？"也就是说，那个橡子几乎完全被厚厚的橡碗包裹住了。

通常来讲，将橡子从橡碗中剥出来后，其底部和橡碗连接的地方有一处十分粗粝，这个部位叫作果脐。在橡子还未成熟的时候，营养物质就是经由这里，从与树枝相连的橡碗输送进来的。

然而，那个巨型橡子除了顶部的一小部分之外，全身都被橡碗包裹。我把橡碗剥掉后，发现它的表面坑坑洼洼的，有点像核桃。归根结底，这个橡子看起来完全不像橡子，就是因为它的果脐部分居然占了全

★⋯⋯⋯⋯剥掉橡碗之后的巨型橡子
全身上下都是果脐

体表面的九成。我虽然已经从书里知道了巨型橡子的存在，但实话实说，在亲眼见到之前，我也没想到这个巨型橡子会浑身果脐，彻底长反。

为什么巨型橡子会长成这副模样？橡碗的本质究竟是什么？我对这些问题产生了好奇。

橡子是果实还是种子？

"这是果实吧？"

"是种子吧？"

把用作教具的橡子发给学生们后，我听到了这样的声音。小香和文文就"橡子是果实还是种子"产生了争执（在前面有关橡子定义的部分，不同书中的表述也有所不同）。我觉得这个问题很有意思，于是立即让大家在课堂上讨论起来。

"你看，桃子就是种子周围包着一层'桃子'，对不对？装在'桃子'里面的才是种子。橡子的周围没有'桃子'，所以它不是种子，而是果实！"

小香的说法可能有点令人费解，简单来说就是果实需要由果肉（小香口中的"桃子"）和它里面的种子构成。

文文的理由则是这样的："果实既有带果肉的，也有不带果肉的。至于橡子，因为它播撒在地里后会生根发芽，所以是种子。"

★……桃子

桃子的
种子

从植物学的角度来
讲，种子是果实
的一部分

"什么？橡子会发芽？从来没见过！"

周围传出了这样的声音。问过之后我才发现，原来班里有很多人都没见过橡子发芽。都说橡子常见，不过是因为它总被孩子捡来玩而已。看来，关于"橡子是果实还是种子"，仅靠学生们的讨论还是很难得出结论的。别说是学生，就连我自己都对这个问题的复杂性有了更深的感触。

橡子是果实还是种子？为了解决这个问题，我们首先需要弄清果实和种子在植物中究竟扮演着什么角色。

说到这个问题，我想起曾经在初一课堂上布置过的一项任务：画出你想象中菠萝开花的样子。

像果实的种子

　　菠萝能吃的部分是什么？提出这个问题后，学生们全都回答"是果实"。会结果的植物都会先开花——为了向学生们再次强调这个常识，我布置了这项画菠萝花的任务。

　　就结果来看，有的学生直接把盛开的花朵画在了菠萝这个"果实"的上方。然而实际上，植物在开花之后才会结果，因此果实和花同时出现的画面看上去很不合理。还有更稀奇的：画里的菠萝埋在地下，顶部的叶片上方开着花朵……

★⋯⋯菠萝的花

每一块鳞片状的结构都会开出紫色的花

其实，菠萝真正的花开在它的表皮上，每一块鳞片状的结构处原本都开着一朵紫色的花。我们吃到的菠萝并不是某一朵花结出的果实，而是由许多朵花结出的果实聚合在一起形成的聚花果[8]。

在接下来的时间里，我让学生们对花进行解剖。无论是油菜花还是荷花，我都让他们先取出花的雌蕊，再将雌蕊的根部纵向切开，在里面找到一个像小种子一样的东西。它叫胚珠，最后会发育成真正的种子。另外，雌蕊根部装有胚珠的膨大部分叫作子房，最后会发育成果实。在植物学上，果实也会被定义为"由子房发育而来的器官"。

银杏也会结"果"。散发着臭味的黄色银杏果中，

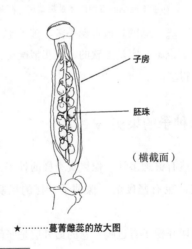

子房

胚珠

（横截面）

★·········蔓菁雌蕊的放大图

8　由一整个花序形成的复合果实，亦称复果。

有一个名叫"白果"的硬核。一般人看到银杏果，都认为黄色的部分是果实，里面的白果是种子。但其实，银杏是所谓的裸子植物，它与苏铁、松树、杉树等植物一样，在会开花的被子植物出现之前就存在于地球上了。之所以叫裸子植物，就是因为这些植物没有子房（没有雌蕊，胚珠裸露在外）。既然没有子房，那么从刚才的定义来看，银杏也就不会有果实。那么，银杏果黄色的部分究竟是什么呢？答案是种皮的一部分，而白果则是银杏种子的核心部分。

即使是在被子植物（胚珠位于子房内部的植物）中，也有像石榴这种不同寻常的存在。石榴颗颗饱满的红色"果实"酸甜多汁，但其实，那些多汁的颗粒属于种子（外面那层不能吃的石榴皮才是果实）。石榴的种皮富含水分，这一点倒和银杏差不多。种子不一定是坚硬的，果实也不一定是柔软的，现实情况比人们想象的要复杂得多。

像种子的果实

既然有鲜嫩多汁、像果实一样的种子，那么反过来，应该也有坚硬的、像种子一样的果实。那就是橡子。

你切开橡子看过吗？它的最外层是坚硬的壳，里面装着略带水分的果仁，这个果仁可以一分为二。此

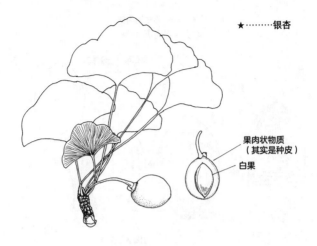

★········银杏

果肉状物质
（其实是种皮）
白果

外，果仁和外壳之间还夹着一层内皮。就算没切开过橡子，你应该也见过同为壳斗科植物的栗子吧？栗子的结构和橡子是一样的。做栗子饭的时候，为栗子去壳和剥内皮是一项非常烦琐的工作。市面上卖的"甘栗仁"用的是一种中国产的板栗，这种栗子的内皮要好剥一些。外壳加内皮的双层构造，为我们解答"橡子是果实还是种子"这个问题提供了线索。

橡子是被子植物。只不过，由它的子房发育成的果实表现为最外面的一层硬壳，所以有些人才会像文文那样，错把它当成种子。干燥变硬后的橡子、栗子等果实叫作坚果[9]。

---

9 植物学对坚果有着严格的定义，只有果实变硬之后形成外壳，且果仁和外壳分开的植物成分才能叫作坚果。

★⋯⋯⋯橡子的内部
（小叶青冈 放大版）

果仁可以一分为二

外壳　　　　内皮

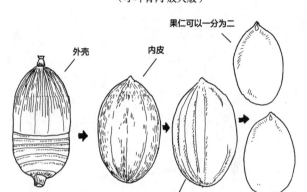

剥掉内皮之后

★⋯⋯⋯核桃的结果方式

里面装着带硬壳的核桃

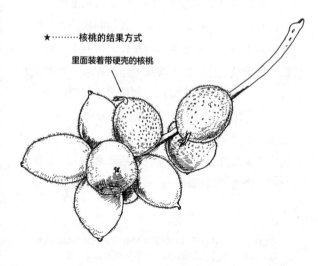

"那核桃也是坚果吗？"

这回学生们又提出了这样的问题。唉，真是伤脑筋！我也不知道，需要查查看。

核桃谁都见过，但你见过它们长在树上时的样子吗？秋天的时候，我们在核桃树下行走，看不到那种带着硬壳的核桃直接挂在树上，能看到的只有表面长满茸毛的绿色"果实"。这是因为核桃壳的外围有一层富含水分却不能吃的"果实"（在这种状态下取出硬壳核桃相当费事，因此人们通常会等外层的"果实"腐烂后将其除掉，再把里面的核桃拿出来卖）。从这种结构来看，带硬壳的核桃似乎属于种子（与白果相似）。

像石头一样硬的果实

然而，调查结果出乎我的意料。

硬壳核桃外层的绿色"果实"其实不是果实。一

★………核桃的雌花

没有花瓣

花粉依靠风来传播

棵核桃树上会分别开出雄花和雌花，这种花也叫单性花。雌花没有花瓣，乍看之下只有一根雌蕊裸露在外。但仔细观察就会发现，雌蕊的子房部分被花托、苞片、花萼等结构包裹在内。这些结构会逐渐发育膨大，最终形成"果实"。这种"果实"不是由子房发育而来的真正的果实，因此叫作假果。真正由核桃子房发育而来的部分，其实是那层坚硬的核桃壳，而硬壳里面可以吃的部分是核桃的种子（顺便一提，苹果和无花果也都是假果）。

核桃的壳也是果实变硬后形成的，因此可以算作坚果。但与橡子不同的是，核桃的"果实"由假果、果实、种子三层结构组成。"果实"中坚硬的部分才是真正的果实——这样的果实也叫核，包含三层结构的"果实"也叫核果。

同样都是果实和种子，它们之间的结构关系却多种多样。就小香举例用的桃子而言，通常被我们称为"种子"的部分其实是种子与一部分果实的结合体（能吃的桃肉是果实的另一部分）。

这个话题越说越复杂。总之，雌蕊的子房会发育成果实，子房里的胚珠会发育成种子，这是所有植物共通的原则。然而即使知道了这个原则，各种各样的实际情况还是会让我们应接不暇，这大概是因为多样性对植物来说有着重要的意义。橡子就是这种多样性的代表之一。

刺球和橡碗是同类

"栗子的刺球是什么？难道那东西才是果实，装在里面的是种子？"

另一节课上，学生向我提出了这个问题。正如我之前所说，栗子和橡子一样，坚硬的外壳才是果实，因此刺球不是果实。既然栗子与橡子的"果实"结构相同，那么栗子外层的刺球就应该相当于橡子外层的结构——橡碗。

然而，就算知道了栗子的刺球相当于橡子的橡碗，也很难一下子就接受二者是同一种东西。

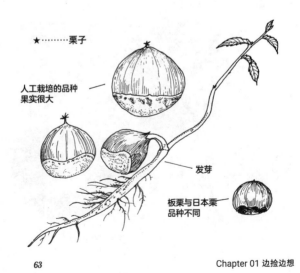

★·········栗子

人工栽培的品种
果实很大

发芽

板栗与日本栗
品种不同

让我们再次说回加里曼丹岛上的橡子。在加里曼丹岛的森林里边走边捡的时候，我曾经捡到过栗子的刺球（我当时是这么以为的）。然而，栗属植物只在世界上这三大地域有所分布：日本、朝鲜半岛和中国，北美，地中海沿岸到里海一带，已知品种只有十种左右，加里曼丹岛理应没有栗树。被我当成栗子刺球捡回来的那个东西其实不是栗子，而是锥果。

让我们在日本捡一些锥果来看看。橡子状的小果实外面果然包裹着一层类似橡碗的东西。只不过，橡子的橡碗通常只会在橡子的下方形成一个"小碗"，而锥果的"碗"却覆盖了整个果实。锥果的"碗"在成熟之后会开裂，让里面的果实暴露出来，这个特

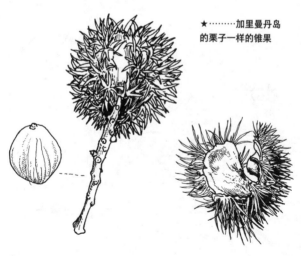

★⋯⋯⋯加里曼丹岛
的栗子一样的锥果

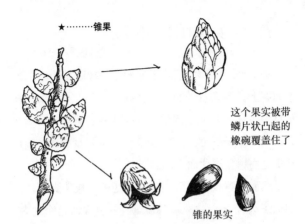

★‥‥‥‥锥果

这个果实被带
鳞片状凸起的
橡碗覆盖住了

锥的果实

征倒是和栗子的刺球很像。如果仔细观察日本锥的
"碗"，会发现上面散布着一些微微凸起的鳞片状结
构。这些结构进一步发育的话，就会形成栗子外层的
那种刺球。不，或许正相反，锥属植物的果实原本就
有刺球——毕竟热带就有许多带刺球的锥果，日本的
锥果才是刺球退化之后的产物。栗属和锥属植物在植
物分类学上的亲缘关系很近，我想这也是原因之一。

　　日本锥的"碗"和橡碗的区别，就在于它们是否
将果实完全覆盖。我捡的那个巨型橡子虽然是柯（不
是锥），却也有着覆盖了整个果实的"碗"。

　　如此看来，栗子的刺球、锥果的"碗"、橡子的
橡碗——这三者之间存在一个连续性的过渡。

　　刺球和橡碗是同一类东西。用专业术语来说，这
种东西就是壳斗。

登山时发现的神奇橡子

绕了一大圈，我们终于来到了"橡碗是什么"这个问题上。令人意外的是，就算是学者，对橡碗的真实身份也还不甚明了。根据《壳斗林自然志》（原正利主编，平凡社出版）的记载，最新的研究发现橡碗（壳斗）其实是由树枝进化而来的。

然而，这仅仅是我们解决问题的一块垫脚石。巨型橡子为什么会被橡碗覆盖全身？要弄清这个问题，我们首先要知道橡碗的功能是什么。

让我们不厌其烦地再一次回到加里曼丹岛。

在海拔1500米处完成了公园主园区一带的森林速写之后（这才是我的主业，捡橡子只是副业），我的下一个目标是基纳巴卢山顶部的森林。我要住在海拔3300米的山间小屋里，对周围的森林进行速写。

攀登基纳巴卢山的游客通常会被要求与向导同

★·········一种尼泊尔产的锥果

行，或是让向导帮忙照管行李，再独自一人轻装上阵。海拔3300米处的旅馆里设有餐厅，暖气也烧得很旺。因此，为时两天一晚的登顶之旅不需要游客带什么大件行李。即便如此，不管登山道修建得多么平整，多么适合独自攀登，仅靠双脚跨越如此大的高度差还是相当累人的。更何况从海拔3000米处开始，只做轻微的运动就会让人感觉呼吸困难。身为调查人员的我没有向导陪同，住宿免费。但免费的代价是我只能住在没有暖气，只有一排空床的小屋里。算上画具在内，我的行李相当多，因此我的登山之旅也异常艰辛。

下山的时候，眼前的景象让我忍不住笑了出来——登山时心心念念想要寻找的猪笼草，其实就丛

★⋯⋯⋯⋯猪笼草

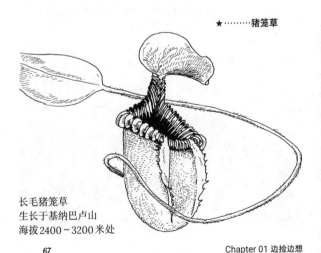

长毛猪笼草
生长于基纳巴卢山
海拔2400~3200米处

生在登山道的两旁！这么多的猪笼草我都没注意到，可见我当时除了自己脚下的路，已经无暇他顾了。

不过，我在登山时还是注意到了唯一一样东西，那就是落在我脚边的一个神奇的橡子。

硬得出奇

"所以，你最后登上基纳巴卢山的山顶了吗？"

"没有。"

"好可惜！"

身为登山爱好者的远知深深替我感到惋惜。但其实于我而言，能完成速写和捡到那个神奇的橡子就已

★⋯⋯⋯基纳巴卢山顶部的森林　　杜鹃、蒲桃等植物组成的灌木丛

经很满足了。

没错，神奇的橡子。

登山道上遍布着小块的石头，但偶尔也有不是石头的东西混在其中。那个橡子最初看上去就像是一块沾满了土的小石头。它的尺寸比核桃要大一圈，比巨型橡子小一圈。登山者们都没注意到它，恐怕就是因为它和巨型橡子一样满身果脐，不像是个橡子。

我目前见过的巨型橡子大多被橡碗覆盖，但这个小石头似的橡子似乎是很久之前就落下来的，橡碗已经不见了。在这么长的时间里，这个橡子被来往的登山者又踢又踩的，表面居然没有一丝裂痕，这正是它让我感到不可思议的地方。

石头似的橡子原来真的像石头一样坚硬！不出我所料，这个橡子的果实（外壳部分）质地紧实，好似木头，厚度足足有1厘米。

巨型橡子同样十分坚硬。看到这个落在登山道上的"小石头"橡子后，我再一次为这些橡子的坚硬程度深深震撼。坚硬无比、全身被橡碗覆盖——两种橡子在这两点上是共通的。那么，这两点之间又有着怎样的联系呢？

橡子里的虫子

"我小时候有一回捡了一大箱的橡子，结果没过

★·········在登山道上捡到
的小石头似的橡子

壳斗科柯属植物
Lithocarpus turbinatus

几天，里面就爬出了虫子。唉，当时可真要命……"

"我也遇到过！"

"话说，橡子里面的那种虫子是什么啊？它们又是怎么钻进去的？"

问起学生们与橡子有关的童年经历时，我听到了这样的对话。很多人似乎都对这个问题抱有疑惑。

比如，捡来的枹栎的橡子在放了一段时间之后，很快就会长出虫眼，从里面钻出白色的蛆状幼虫。

"我小时候特别在意那些长了虫眼的橡子，会一直盯着那个小洞，专等虫子出来。"奈穗回忆道。遗憾的是，橡子长了虫眼，就说明虫子已经从里面爬出来了，怎么等也不会再有新的虫子出来。学生们对此

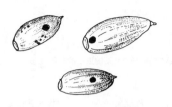

★·········长了虫眼的枹栎橡子
罪魁祸首是柞栎象的幼虫

感到十分诧异——橡子有着坚硬的外壳，看起来完美无缺，里面怎么会爬出蛆状幼虫呢？

"我想看看那种虫子最后会长成什么样，就收集了大量被虫蛀过的橡子，把从里面爬出来的虫子养了起来。没想到几天之后，它们都变干死掉了。"

小优说他小时候也很好奇那种虫子到底是什么，于是做了这样的尝试。

虽然话题已经从橡碗跳到了橡子里的虫子，但正是这种虫子与橡子之间的关系，为我们探索橡碗的功能提供了线索。

枹栎橡子里的白色蛆状幼虫其实是柞栎象、橡实剪枝象等象鼻虫的幼虫。橡子虽然乍看之下完整无缺，但如果仔细观察就会发现这些象鼻虫成虫的产卵痕迹。橡实剪枝象会在绿色的未熟橡子里产卵，我们可以在橡碗上找到它们的产卵痕迹。柞栎象则要等到橡子即将转为褐色时才会产卵，它们的产卵痕迹会出现在橡碗或橡碗的上沿，即果实刚刚露出橡碗的位

71   Chapter 01 边捡边想

★………枹栎的橡子中残留的虫子的产卵痕迹

柞栎象   橡实剪枝象

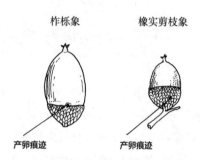

产卵痕迹   产卵痕迹

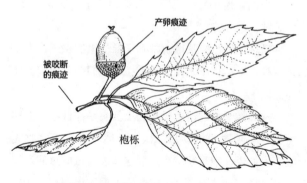

产卵痕迹

被咬断
的痕迹

枹栎

★………橡实剪枝象的产卵痕迹

置上。

就是这一点不可思议……

藤井伸二曾在《植物的生存作战》(井上健主编，平凡社出版)一书中写道："为什么偏要在有果实和壳斗双重保护的地方产卵呢？"

橡实剪枝象

早在对橡碗产生兴趣前，我就出于好奇，对橡实剪枝象和柞栎象进行过一番调查。在这里，我想再多介绍一下这两种昆虫。

★·········橡实剪枝象

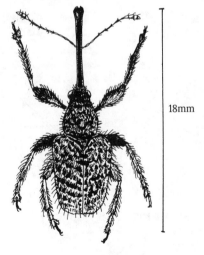

18mm

我之所以会对橡实剪枝象感到好奇，是因为我在饭能市的杂树林里捡到过一样匪夷所思的东西。

　　9月上旬的一天，走在林间的我看着身边散落一地的橡子，陷入了深深的困惑。明明还没到枹栎橡子落地的时节，而且地上的橡子大多还是连枝带叶一起落下来的……紧接着，我又碰到了更奇怪的事。当时明明没有刮大风，可一个连枝带叶的橡子居然就那么直接地从我的头顶飘落了下来！肯定是谁在搞鬼。

　　我更换位置，走到了一处橡子与我视线平齐的地方，幕后黑手就在这时暴露了真身。是橡实剪枝象！我捉住了那只虫子，把那个连枝带叶的橡子也捡了起来，带回家仔细观察。

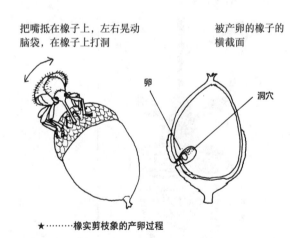

把嘴抵在橡子上，左右晃动脑袋，在橡子上打洞

被产卵的橡子的横截面

卵

洞穴

★………橡实剪枝象的产卵过程

观察的结果大致如下：

橡实剪枝象体长约18毫米，嘴巴很长，占据了体长的三分之一。长长的嘴巴微微向下弯曲，靠近中点的地方长着触角。在橡子里产卵的时候，长长的嘴巴就是它的秘密武器。

首先，橡实剪枝象的雌虫会用20分钟左右的时间，在长有橡子的树枝上咬出一道印记（雄虫则只负责交尾，完全不参与产卵工作）。然后，它用嘴巴的前端抵住橡碗，左右晃动脑袋，在橡碗上打出一个小洞。长长的嘴巴这时起到了锥子的作用。经过观察，这个过程也会耗时20分钟左右。接着，雌虫拔出嘴巴，转过身子，从尾部把产卵管伸进小洞，在橡子里产卵。如

★⋯⋯⋯⋯正在咬断树枝的橡实剪枝象

果把带虫卵的橡子切开观察，会发现橡子内部紧贴表面的地方多出了一个约2毫米深的小洞，里面装着最大直径约1毫米的虫卵。

最后，雌虫会回到刚才咬出印记的地方，爬到树枝与树干相连的那一侧，伸出嘴巴把印记处彻底咬断，让整节树枝连着橡子一起掉在地上。

这样一来，等产下的卵孵化出幼虫以后，幼虫就可以靠吃橡子茁壮成长。

柞栎象

时间到了9月下旬，这回该轮到柞栎象出场了。

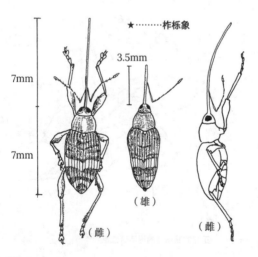

★⋯⋯⋯⋯柞栎象

3.5mm

7mm

7mm

（雄）

（雌）

（雌）

柞栎象也有着长长的嘴巴，可以在橡子上打洞。

柞栎象雄虫的嘴巴约3.5毫米长，雌虫的嘴巴则长达7毫米，和除去嘴巴之后的体长几乎相等。原来不负责产卵的雄虫也能拥有长长的嘴巴呀！我对此叹服不已，并在饲养它们的时候找到了这背后的原因。当我把颜色尚青的橡子放进饲养箱后，雄虫和雌虫都把它们的嘴巴插进橡碗，吞食起了里面的橡子。

柞栎象虽然不会咬断树枝，但打洞和产卵的方式都和橡实剪枝象基本相同。唯一略有区别的地方是，橡实剪枝象打出的产卵洞是约2毫米深的垂直洞穴，而柞栎象打出的则是横向延伸的洞，卵则产在洞穴的最深处。

无论是柞栎象还是橡实剪枝象，它们的幼虫长大后，都需要凭借自己的力量在橡子上打洞，然后钻到外面去。我们经常看到带虫眼的橡子，那些虫眼就是幼虫钻出去时留下的痕迹（直径2毫米左右）。和虫眼比

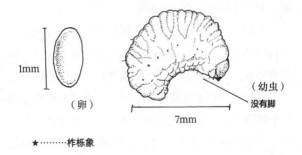

1mm

（卵）

（幼虫）

没有脚

7mm

★⋯⋯⋯柞栎象

起来，成虫产卵时打的洞简直微小到肉眼不可见。因此，就像学生们刚刚说的那样，即使是乍看之下完美无缺的橡子，里面也可能突然钻出虫子吓人一跳。

从橡子里爬出来的幼虫很快就会钻到地下化蛹，等待下一个橡子成熟的季节来临。

一旦过上"同样的生活"

小优饲养的幼虫之所以会变干死掉，是因为他一直把虫子养在纸箱子里。而我曾经把幼虫养在装了土的塑料容器里，想要看看它们会不会蛹化，但最后也以失败而告终，可能是因为土还不够多。所以，幼虫钻到地下之后究竟发生了什么，对我来说依然是个谜。

两种象鼻虫过着同样的生活，可为什么只有橡实剪枝象会做"剪枝"这项看似多余的工作呢？还有一种类似的昆虫叫李虎象，它们专在未成熟的梅子里产卵，但产卵后并不会咬断树枝。

我想，这或许正是因为柞栎象与橡实剪枝象过着"同样的生活"，为了避免与柞栎象发生正面冲突，橡实剪枝象只能先下手为强，提前把枹栎的橡子据为己有。它们之所以要咬断树枝，可能是为了确保在早期产下的卵之后不会遭到其他食橡子昆虫的侵扰，还可能是为了避免橡子的继续生长给卵和幼虫带来负面

★·········橡子里的虫子

栗白小卷蛾的同类幼虫
喜欢四处蠕动

影响。

柞栎象只在完全成熟的橡子里产卵，这时橡子已经快要落下，因此不必特意咬断树枝。有一次，我在掉在水泥地上的橡子上看到过可怜的柞栎象。那个橡子刚好在它用嘴打产卵洞的时候掉了下来，下面偏偏是水泥地。

我把它捡起来的时候，它那长长的嘴巴已经从中间断成了两截，其中一截还插在橡子里。

不放过薄弱点

我已经介绍过了两种体形偏长、以橡子为食的昆虫。现在让我们回到之前的话题，为什么这些昆虫偏偏要在橡碗上打洞产卵？解开橡碗之谜的关键线索会不会就藏在这个问题之中呢？

这里我想简要介绍一下之前那本书《植物的生存作战》中藤井伸二的文章。藤井指出，昆虫之所以要在

79   Chapter 01 边捡边想

橡碗上打洞产卵，是因为橡碗内部的橡子还是软的。

橡子在花期刚过，果实尚小的时候，是完全在橡碗的包裹下生长的。直到8月上旬，橡碗停止生长，橡子才开始长出坚硬的外壳。

正如我前面所写，橡子真正的果实是那层坚硬的外壳。硬壳可以帮助橡子保护自身，但同时也会阻碍橡子的生长。

也就是说，"坚硬的外壳"与"果实生长"之间存在矛盾。为了化解这个矛盾，橡子选择了一边让覆盖在橡碗之下的部分慢慢生长，一边让露在橡碗之外的部分慢慢变硬。大多数的橡子都形状细长，也是出于这个原因。

藤井在文章中总结出的橡碗的功能有两个：

一、在橡子尚小时包裹整个橡子，为之提供保护；

二、在橡子快速生长时包裹正在生长的部分，为之提供保护。

橡子拥有独特的"坚果"果实，在坚果形成的过程中，橡碗的保护作用不可或缺。

哪怕是有着长长锥子嘴的象鼻虫，也不会贸然去咬橡子已经形成坚果的坚硬外壳。但它们一定不会放过橡子最薄弱的部分——为生长中的柔软果实提供保

★·········未成熟的橡子
（小叶青冈）

橡子尚小时完全被
橡碗包裹住

露出橡碗的部分
已经变硬

（横截面）

（8月中旬）

6mm

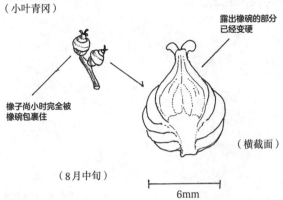

护的橡碗。

令人费解的诡异照片

有一张照片让我百思不得其解。那是《法布尔昆
虫记七》（山田吉彦、林达夫译，岩波文库）一书中，法布
尔[10]对在青冈橡子中产卵的青冈象鼻虫[11]做观察记录时
附加的一张照片。法布尔在记录中写到，他偶尔会看
到象鼻虫以"嘴插橡子，手脚悬空"的姿势死掉，仿
佛被大头针钉在橡子上的昆虫标本，这大概是因为象

10　让-亨利·卡西米尔·法布尔（Jean-Henri Casimir Fabre，
　　1823—1915），法国昆虫学家、文学家、博物学家。
11　学名 *Curculio elephas*。（编注）

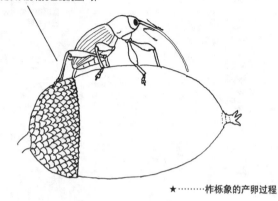

从尾部伸出产卵管，
往用长长的嘴打出的洞里产卵

★………柞栎象的产卵过程

鼻虫在产卵时不小心脚下打滑，发生了意外事故。

我承认这种事情确实有可能发生，但奇怪的是，附加在书中的照片里，那只死掉的象鼻虫居然把嘴插在了橡子顶部已经变硬的外壳上！

法布尔在这篇记录的另一处写到，橡碗边缘的青绿色外壳上有象鼻虫的产卵痕迹。由此可见，那张照片确实有些蹊跷。

《昆虫记》中的照片都是由法布尔的儿子保罗·亨利·法布尔拍摄的，当时的法布尔已经步入晚年。曾经有人指出，在另外一组拍摄臭蜣螂窝的照片中，为了将雄蜣螂和雌蜣螂分开拍摄，摄影者对蜣螂进行了"摆拍"（考虑到当时的摄影技术，这么做也情有可原）。虽然还无法断定那张象鼻虫的照片是否属于"摆拍"，但根据已知的信息，我们至少可以确定那只象鼻虫并没有在产卵。在研究橡碗之前，我只是觉得这张照片挺好玩的，却从没发现它的诡异之处。

橡子让自己的果实长成坚果，想必是为了避免自己被虫子咬坏。然而，虫子毕竟还是诡计多端，找到了突破橡子防线的办法。丰富的生物多样性就是在这种反反复复的你攻我防中产生的。

看似"无敌"

关于巨型橡子为什么会被橡碗完全覆盖，我们终于一步步地找到了答案。从橡碗的功能上看，被完全覆盖住的橡子可以不慌不忙地生长，直至长出巨大的体形和厚实的外壳。如此看来，巨型橡子不仅外观很

★⋯⋯⋯加里曼丹岛的橡子④

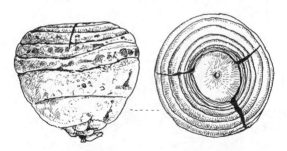

进化到一半的巨型橡子，橡碗还没有将橡子
完全覆盖

像核桃，果实的生长方式也与核桃类似——核桃是靠假果完全覆盖住坚果，来使果实长得又硬又大的。除此之外，巨型橡子厚厚的橡碗还可以把前来产卵的象鼻虫阻隔在外。退一步说，就算象鼻虫在巨型橡子里产卵成功，幼虫应该也很难从坚硬的外壳里爬出来。

那么是不是说，巨型橡子是无敌的，绝对不会遭受虫害呢？

在攀登基纳巴卢山的过程中，我还捡到了一个小石头似的橡子。它的外壳和巨型橡子一样，硬得好似铜墙铁壁。我为它的坚硬惊讶不已，但更让我惊讶的是，那种"小石头"橡子居然有时会或纵或横地裂成两半。如果仔细观察，会发现断面上还残留着咬痕。我遇到的第一个巨型橡子上也有清晰的咬痕。这么看来，巨型橡子并不是无敌的。

很多动物都会吃橡子。

大林姬鼠、松鼠、熊、猴子、鹿、野猪……仅仅

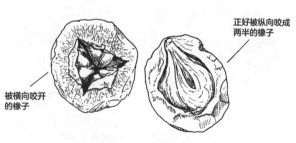

正好被纵向咬成两半的橡子

被横向咬开的橡子

★………被豪猪咬过的小石头似的橡子

是试想一下，我的脑海中就浮现出了这么多种动物。我还听说，欧洲人秋天会在森林里放野猪，让它们通过吃橡子来增肥。我教过的学生达也毕业后到法国学习烹饪，曾经把在鸽子嗉囊里发现的橡子邮寄给我。松鸦也吃橡子。美国还有一种行为怪异的啄木鸟，叫橡树啄木鸟，会在枯树的每一个树洞里藏一个橡子作为储备粮。

然而对于橡子来说，"能吃"也不总是坏事。

有时也会自我牺牲

"橡子咕噜咕噜咕咚咚……"[12]就像歌谣里唱的那样，身为坚果的橡子从树上掉落在地，美味的果实被鸟类一口吞下，种子随鸟粪一起散布到各地。因此也可以说，橡子放弃了让种子乘风飞翔的播种方式，而是选择了牺牲自我，让鸟类和其他动物帮忙搬运种子。

吃橡子的动物主要分为两类：一类是象鼻虫、熊和野猪这种只管吃橡子，完全不为橡子做贡献的动物；另一类是大林姬鼠、松鼠和松鸦等，它们虽然吃橡子，但会在贮食的过程中把橡子搬运到各个地方。

橡树啄木鸟虽然也会贮食，但橡子应该不想被藏在树洞里。橡子的种子中含有大量水分，一旦环境干

12　原文为"どんぐりころころどんぶりこ"，是日本童谣《橡子咕噜咕噜（どんぐりころころ）》开头的歌词。

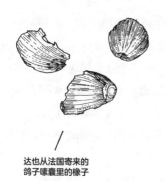

达也从法国寄来的
鸽子嗉囊里的橡子

大林姬鼠的巢穴里散落的
枹栎橡子残渣

燥便无法顺利发芽。所以，如果我们捡到橡子以后暂
时无法播种，想搁置一段时间，通常需要给橡子套上
塑料袋放进冰箱储存。大林姬鼠、松鼠和松鸦都有将
吃不完的橡子埋到地下，为过冬做准备的习性。被埋
在地下的橡子时刻处在适于发芽的条件下，如果动物
忘记把它们挖出来吃，它们最后就会在远离母树的地
方生根发芽。

　　作为实验，我和学生在学校旁的杂树林里框定了
10米×15米的样方，对其中的树苗进行了调查。样方
里有12棵青冈树苗和19棵小叶青冈树苗，但无论是在
样方内还是在我们目力所及的范围内，都没有生长任
何一棵母树。因此，那些树苗的种子一定是被松鸦之
类的动物搬运过去的。

　　巨型橡子如此巨大的真正原因，或许也与此
有关。

与豪猪为伍

在大阪市立自然史博物馆发行的手册《植物与动物间的神奇纽带》中，冈本素治以巨型橡子为例，就橡子和动物的关系做出了一段有趣的描述。

他写道：枹栎等植物的橡子虽然有着坚硬的外壳，却依然会被很多动物吃掉。其中既有在吃的同时帮助橡子散布种子的大林姬鼠之类的动物，也有很多只吃橡子不顾其他的动物。然而对于像核桃这种外壳更硬的坚果来说，它们的吞食者中就没有只吃核桃不顾其他的动物，因为只有松鼠、大林姬鼠等能协助散布种子的动物才能咬开核桃的硬壳。从这一点看来，

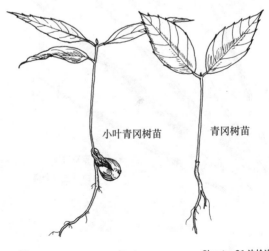

小叶青冈树苗　　　　　　青冈树苗

　　　　　　Chapter 01 边捡边想

★⋯⋯⋯**有动物咬痕的巨型橡子**

咬食者应该是豪猪，
只不过吃到一半就离开了

★⋯⋯⋯**豪猪的刺**

来自动物园里的豪猪

巨型橡子更像核桃。

冈本认为吃巨型橡子的动物是豪猪，因为大概只有豪猪才能咬得动那么硬的外壳。在帮助巨型橡子散布种子这件事上，豪猪想必也发挥着重要作用。

巨型橡子之所以会全身覆盖橡碗，长出厚实的外壳，并不是因为不想被动物吃，而是因为想要被特定的动物吃。这种特定的动物就是豪猪。

当然，这种植物与动物的对应关系需要根据双方的具体情况来具体分析。到目前为止，我们总算弄明白了一件事：加里曼丹岛的橡子森林是典型的热带橡子森林，这片森林里存在着特定的动物，使得巨型橡子得以顺利存活。能够撮合植物与动物，让它们签订"专属契约"，这才是热带真正的自然之力（多样性）。

在沙漠里捡的橡子

从大体上看，日本的森林由北向南依次是针叶林、落叶阔叶林和常绿阔叶林（照叶林）。落叶阔叶林的主要成员是水青冈和蒙古栎，常绿阔叶林的主要成员是锥和青冈，人工种植的杂树林则主要包含枹栎、麻栎之类。

如此看来，日本的森林大多以会结橡子的壳斗科植物为主。顺便补充一句，不能结橡子的水青冈、锥、栗等其他壳斗科植物，其散布种子的方式也与橡子相同。

即便放眼世界，壳斗科植物在森林中的占比也很大。正如《壳斗林自然志》的一节中所写："可以说除了非洲和南美大陆中部以外，从热带山地到暖温带、温带的自然林大部分都是壳斗科树林。"

此前，我曾经和阿烟一起到美国西海岸旅游。我们在旧金山郊外一个叫蒙特雷的地方看到了一片树林，其中混杂着不算太高的栎属树木和一种比栎树高得多的松树，名叫辐射松。我在一棵干枯的高大松树上发现了橡树啄木鸟贮食用的树洞，还在那棵树的下面捡到了贮藏着橡子的枯树枝，感到欣喜万分。

在洛杉矶的时候，我们还去那座著名的立着好莱

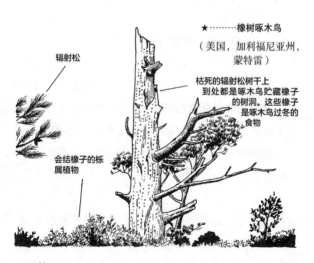

辐射松

会结橡子的栎属植物

★⋯⋯⋯橡树啄木鸟
（美国，加利福尼亚州，蒙特雷）

枯死的辐射松树干上到处都是啄木鸟贮藏橡子的树洞。这些橡子是啄木鸟过冬的食物

坞广告牌的山上观察过森林。大概每个人都在荧幕上见过那座山的远景吧？实际行走在山间时，我们也捡到了橡子。去洛杉矶郊外沙漠中的约书亚树国家公园时，我们还遇到了更不可思议的事。公园里的沙漠属于岩漠，地面上稀松地生长着灌木和仙人掌之类的植物。即便是在这样的沙漠里，岩石下方土壤相对肥沃的地方还是长出了带小叶片和尖刺的灌木状（其中也有一棵长到10米高的树）栎属植物。我们也因而获得了"在沙漠里捡橡子"的珍贵体验。

仅仅是"沙漠里的橡子"这一个例子就足以让我们认识到，近在身边的橡子里还藏着许多我们意想不到的奥秘。

橡子的英文是acorn

现在，让我们再复习一遍有关橡子的知识。

壳斗科下有很多属，其中包括栎属、柯属、锥属、水青冈属、栗属，以及由于日本没有，所以前文中并未提到的三棱栎属和金鳞栗属。

会结坚果、长壳斗、依靠动物来散布种子——壳斗科植物在这几点上是共通的。

在所有的壳斗科植物中，我把栎属和柯属植物结出的坚果定义为"橡子"。

会结橡子的树木中，栎属植物在欧洲、亚洲乃至

★‥‥‥‥橡树啄木鸟

北美都有分布，即便在所有的壳斗科植物中都是分布
最广的。然而与之相对，柯属植物基本上全都分布在
东南亚，只有一种传播到了相隔甚远的北美。果实没
有被我算进"橡子"的锥属植物也是以东南亚为中心
分布的。因此，欧洲并没有柯属和锥属植物。

这让我产生了一个小小的疑问：既然这样，那英
语中的"橡子"指的是什么呢？

橡子的英文是acorn。由于英国没有锥属和柯属
植物，acorn这个词表示的显然只能是栎属植物（英文
为oak）的果实。那么，当我们把目光拓展到全世界，
acorn一词的使用者该如何称呼柯属植物的果实呢？

我查阅了《一棵栎树的生活》这本在美国出版的

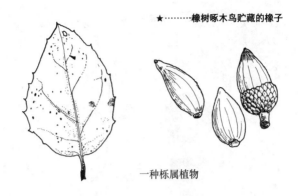

★·········橡树啄木鸟贮藏的橡子

一种栎属植物

书。作者在对柯属植物的果实进行说明时，也使用了
acorn 这个词。果不其然，柯属植物的果实在美国也
属于橡子。

又翻了几页后，我发现作者在称呼锥属植物的果
实时使用了 evergreen chestnut，也就是"常绿栗"
这个说法。锥属和栗属植物在植物学上确实有近缘关
系，但这种说法还是让我感觉有些别扭。对于从小生
活在日本，身边到处是锥属植物的我来说，锥就是
锥，栗就是栗，二者不能混为一谈。虽说偶尔也会有
橡子奇迹般地出现在沙漠里，但就全世界而言，只有
少数特定地区的人才能在日常生活中接触锥和柯。因
此，如果有人一听到"橡子"就想到柯——比如我自
己——那么基本上可以确定他是个东南亚人。

★·········沙漠里的橡子

于美国约书亚树国家公园
一种栎属植物（内陆活栎*Quercus wislizenii*）

对橡思故乡

在捡到巨型橡子，继而对橡子进行了诸多思考之后，我又接二连三地拥有了许多小梦想。

听说在不丹有一种栎属植物，能结出直径长达6厘米的橡子。我想去捡那种橡子。我在本书开头之所以说巨型橡子是"世界上最大等级的橡子"，原因就在于此。我捡到的巨型橡子是柯属植物橡子中的佼佼者，而不丹的橡子是栎属植物橡子中的佼佼者。我想把这两张王牌拿在手里，比一比到底哪个更大。在作比较之前，说"我捡到了世界上最大的橡子"还为时过早。

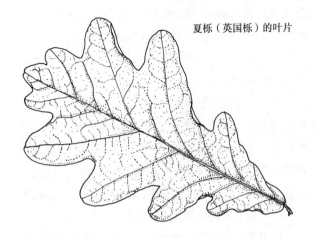

夏栎（英国栎）的叶片

　　我还听说美国有一种叫"金橡树"的树。说起金色的橡子，我一直以为它会像宫泽贤治在童话《橡子与山猫》里写的那样金光闪闪。然而实际上，金橡树只是嫩叶和橡碗上有斑驳的金色树蜡，并不会结出金光闪闪的橡子。但即便如此，我还是想亲眼见识一下。

　　从遇到巨型橡子的那一刻起，一段独属于我的"故事"就已经在我的心中生根发芽了，因此我才想去实现一些诸如此类的小梦想。我想见识各种各样的东西，让各种各样的想法在脑海中交织。

　　然而，从加里曼丹岛归来后的一年里，过去每逢放假就出远门的我反而更多地宅在了家里，因为我要继续为加里曼丹岛的森林作画。我最终绘制出的成品将在基纳巴卢的博物馆中展出（由于布展工作全体延迟，我不知道具体什么时候才能展出）。在此期间，我虽然没有去捡不丹的巨型橡子和金橡子，却也一直在日本追寻着橡子的踪影。

正是橡子让我恍然间意识到，即使不出远门，仅仅是通过捡身边的橡子，也能一窥"远方的自然"中的奥秘。正如解开巨型橡子之谜的关键线索，就藏于我在家附近观察枹栎和橡实剪枝象的过程中。与此同时我还发现，近在身边的橡子里就存在许多未解之谜，那个我去不到的"远方的自然"正藏身其中。

话说回来，目前我捡到最多的橡子是可食柯的橡子。虽然不确定具体数字，但少说也得有几百千克。

★⋯⋯⋯英国的栎属植物②
无梗花栎（岩生栎）

毕业生末花子为我捡来的落叶

田 N

可食柯的学名是 *Lithocarpus edulis*。

这种植物和巨型橡子一样，也是柯属植物的一员。可食柯还是日本的固有种，即使在橡子遍地的加里曼丹岛也见不到。不过，虽说可食柯是日本的固有种，但也并不是在日本各地都能捡到的，不同地域之间的差异还是很大的。

我出生在千叶县南端的馆山市，老家的树篱就是由可食柯组成的，家附近的山上也都是可食柯的树林。因此对于儿时的我来说，枹栎和麻栎都是很陌生的植物，只要提到"橡子"，指的肯定是可食柯的果实。这样的童年经历现在依然是我的"橡子观"的根基。

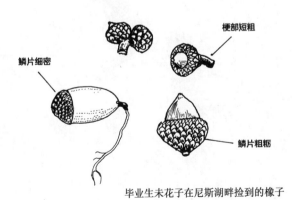

★………英国的栎属植物③

梗部短粗

鳞片细密

鳞片粗粝

毕业生未花子在尼斯湖畔捡到的橡子

然而，在我任职的学校所处的埼玉县饭能市，想要捡一整箱可食柯的橡子是不可能的。现在放在我房间里的那箱可食柯的橡子，是从距饭能市单程3小时车程的千叶县捡回来的。

　　我去捡可食柯的橡子并不是为了怀旧，但也不能说和怀旧毫无关系……

　　我这么做自有我的原因。

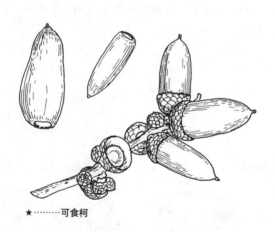

★………可食柯

Chapter
02
边吃边想

吃可食柯的橡子

"这个真好吃!"

"像是不甜的栗子。"

"感觉剥壳会让人上瘾。"

在高中二年级的课堂上,我把煮熟的可食柯橡子分给学生们吃。来晚的学生迟疑地问教室里的同学: "这节是吃橡子课? "他说得没错。

一开始,我只是把煮好的可食柯橡子直接拿给学生们吃。但到了后来,我会把学生分成几个小组,让他们正式挑战用可食柯橡子烹饪菜肴。

烹饪课的准备工作从前一天晚上开始,我需要把

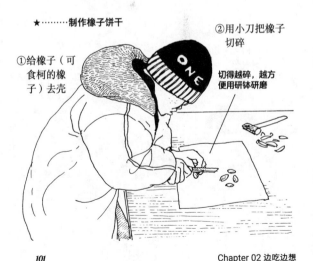

★……制作橡子饼干

①给橡子(可食柯的橡子)去壳

②用小刀把橡子切碎

切得越碎,越方便使用研钵研磨

101   Chapter 02 边吃边想

秋天捡回来风干的橡子提前煮熟。我的任务到此为止，之后的所有操作都由学生负责——主要是用锤子把橡子的外壳逐一敲开，然后将里面的种子磨成粉状。

橡子剥掉壳后就会露出种子，这时，只有把种子上的内皮撕得干干净净才算圆满完成任务。除此之外，还要将内部发黑的橡子在这一步剔除出去。接着，要想把橡子变成粉末，最好先用小刀尽可能地将其切碎，然后再把碎块放进研钵里研磨。这一步操作也是做得越精细，最后的成品质量越高。

橡子粉磨好后，学生们针对要拿它做什么展开了激烈的讨论。

最保险的选择就是饼干，因为不管谁做都不会太

★⋯⋯⋯制作橡子饼干
③用研钵把切碎的橡子
　磨成粉

难吃。学生们只需要在橡子粉中加入人造黄油和鸡蛋以增加黏度，再加入白糖反复揉捏，做成合适的大小和形状，最后放进烤箱里烤（烤箱和研钵是我们学校理科研究室里的重要设备）。

如果想要做点传统风味的食物，只需改用山药当增黏剂，把黄油换成猪油，再用蜂蜜或栗子粉来增加甜度即可。更讲究一点的话，可以把这样制作出来的饼干坯放在石板上烤。其实，绳文时代的遗址中就出土了许多饼干状的碳化物。根据1999年8月10日《朝日新闻》上的报道，人们在长野县大崎遗址一处约6000年前的居住遗址中，发现了直径3厘米的饼干状碳化物，并认定其为日本最古老的人类遗迹。

★………制作橡子饼干

④筛橡子粉
外表粗犷的男生居然做起了如此精细的工作

制作饼干和金团[1]

"哎呀，烤煳了！"

阿匠正在挑战制作橡子饼干的变体——橡子仙贝。他对着被自己烤焦的物体发出了哀号。

除了饼干，可食柯的橡子粉还能做成仙贝和面包。不过，想象力太丰富的话，很可能会让食物变得越来越奇怪。

"绝对能做荞麦面！"

"用什么当薄面？"

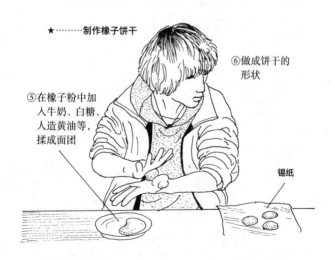

★‥‥‥‥制作橡子饼干

⑥做成饼干的形状

⑤在橡子粉中加入牛奶、白糖、人造黄油等，揉成面团

锡纸

1　一种日本点心，由红薯泥加上豆馅或栗子制作而成。

"直接用多余的橡子粉就行。"

挑战橡子面条的小组做出了某种不能称为"荞麦面"的奇怪食物，创下了全班最难吃的纪录。橡子面没什么韧性，因此无法压出很细的面条。此外，还有学生不知受了什么启发，想做橡子金团。虽说最后成品的味道的确很像金团，但遗憾的是，包括制作者在内，根本没人吃得下整整一碗的橡子金团。

我偶尔会组织六个班的学生一起烹饪橡子，这时就需要大量的可食柯橡子。虽然没有精确称量过，但六个班所需的橡子至少要能装满40升的背包，重量有三四十千克。我去千叶市捡橡子就是因为这个。

为了在课上给学生们吃——如果用一句话来概括的话就是这样。不过，至于为什么要用可食柯的橡

★⋯⋯⋯制作橡子饼干
⑦用烤箱烤制

子，那就要另外细讲了。

苦涩的和不苦涩的

给学生吃可食柯的橡子时，我总是会把其他植物的橡子混在里面一起拿给学生。比如，我会让学生同时试吃可食柯和枹栎的橡子。

"哕，好难吃！"

"超——苦！"

学生们在可食柯橡子的迷惑下放松了警惕，在吃到枹栎橡子的一瞬间立刻皱起眉头，冲出教室，把嘴里的橡子吐了出来。

"清清口，清清口！"

几个学生在尝过枹栎的橡子后，赶紧把可食柯的橡子塞进了嘴里。既有苦涩的橡子，也有不苦涩的橡子。如果没有品尝过苦涩的橡子，就不会知道可食柯的橡子究竟"特异"在哪儿。

我通过询问得知，很多学生都曾在上幼儿园和小学的时候捡食过锥的果实。相比之下，吃过可食柯橡子的人少之又少（吃过枹栎橡子的则一个也没有）。

"欸，橡子还能吃啊？！"也有些学生对此感到惊奇。我聊起自己上大学的时候有段时间因为经济困难，经常捡可食柯的橡子充饥，学生们听后对我肃然起敬。

"吃这个对身体好吧？"

总是能活跃课堂气氛的笑美似乎把橡子当成了绿色食品，又一次让我们哈哈大笑。

"这个哪里有卖吗？"

某位学生提出的这个问题让大家笑得更欢了。不过确实，果仁既不苦涩又大而饱满的橡子是极其珍贵的存在。说到一个橡子的平均重量，小叶青冈的橡子有1.4克左右，枹栎的橡子有2克左右，可食柯的橡子则重达3克［摘自《绳文时代》（中公新书），小山修三著］。你或许会觉得这几个重量差别不大，但一个接一个地将橡子的壳剥开之后，你就会感觉不同重量的橡子之间差距还是相当大的。所以，我才会特意远赴千叶，去捡可食柯的橡子。

★⋯⋯⋯⋯可食柯橡子的生长过程

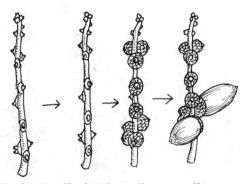

第一年6月　第二年3月　　6月　　　　8月

"限时"的滋味

每年我背着登山包去捡橡子时，去的都是我的母校千叶大学。沿着大学的围栏，种着一整排的可食柯。

有几年我出发得晚了，只能在太阳落山后的一片漆黑中摸索着捡满一包橡子。一个成年人大晚上的来捡橡子？就连我自己看了都会觉得可疑。不过庆幸的是，目前为止我还没有被抓到过。

把捡来的橡子松散地铺放在纸箱里，注意不要让它们挤在一起，然后放到通风良好的地方储存即可。这种储存方法至少可以保证秋天捡的橡子在几个月内

★⋯⋯⋯可食柯
许多树都是分枝生长的

都可以食用。如果想要储存更长时间，还是放进冰箱里冻起来比较好。

在所有的橡子中，可食柯的橡子属于落地时间较早的。根据1999年的记录，我去千叶大学捡橡子的日期是10月18日，这时可食柯的橡子基本已经全都落下来了。十天之后的10月28日，我在饭能市捡了枹栎的橡子（那年枹栎橡子落地最集中的时间是10月中旬）。再后来的11月2日，我去捡麻栎和小叶青冈的橡子，然而那时大部分的小叶青冈橡子还挂在枝头上。

除了能捡到的时间不一样，各种橡子的储存方法也有所不同。我第一次打算和学生品尝枹栎橡子的时候，曾经费了很大功夫带大家去捡枹栎的橡子，却没想到仅仅是捡橡子就占用了全部的课堂时间。后来出

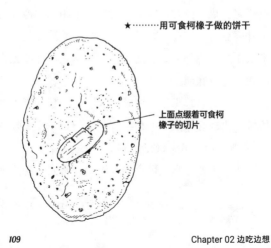

★⋯⋯⋯用可食柯橡子做的饼干

上面点缀着可食柯橡子的切片

于种种事由，我们吃橡子的时间拖到了两周以后。那时，用来风干橡子的纸箱已经令人不忍直视——将近一半的橡子都长了虫眼，从虫眼里爬出的象鼻虫幼虫在纸箱里到处蠕动。最后，我们那年只能放弃吃枹栎橡子的计划（不过有学生把象鼻虫的幼虫用平底锅煎来吃了）。

长虫的和不长虫的

要想储存枹栎的橡子，就必须先解决象鼻虫幼虫的问题。

最简单的方法是直接把橡子放进冰箱或者冰柜。早年间常吃橡子的山间村民通常会先把捡来的橡子放进锅里煮熟，或是浸泡在水里杀灭幼虫，再放到地炉[2]的烤架上烘干储存。与可食柯的橡子相比，枹栎的橡子外壳更薄，因此更容易烘干。唯一的缺点是，把橡子烘干成硬邦邦的状态之后，每次吃之前都要先将其泡软，比较麻烦。

为了省事起见，短期储存橡子时还是选择可食柯的橡子比较好（虽说学校里也有大冰柜，但里面已经被动物的尸体占满，没有存放橡子的余地了）。

我从小就经常捡可食柯的橡子。然而直到捡过枹

2　日本农家使用的一种取暖装置。在客厅的地板下方挖出一个四角形空间，在里面放柴火和炭，起火取暖。

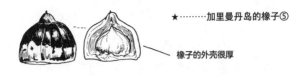

★⋯⋯⋯加里曼丹岛的橡子⑤

橡子的外壳很厚

一种柯属植物

栎的橡子之后，我才第一次意识到，原来可食柯的橡子是不会长虫子的。（这种事居然也被我发现了！）

不同种类的象鼻虫会在不同树木的果实中产卵。即使查阅图鉴，我们也只能在里面找到柞栎象、麻栎象、栗象、锥象这些象鼻虫的名字，而没有"柯象"。可食柯的橡子为什么不长虫呢？

我最先想到的原因，就是可食柯橡子的外壳很厚。枹栎橡子的外壳用指甲就能剥开，但可食柯的橡子就不行。烹饪可食柯橡子时，最麻烦的地方就是必须用锤子敲开橡子坚硬的外壳。

对于虫子来说，如此坚硬的外壳不仅不利于产卵，还会让幼虫在爬出橡子的时候遇到重重阻碍（就连柞栎象的幼虫有时都钻不出枹栎橡子的外壳，刚爬出一半就断

★………小叶青冈

了气)。

这个厚度的外壳不仅可以防止虫子进出，还可以防止种子里的水分蒸发。储存起来的几个月里，可食柯橡子虽然风干得比较慢，但也不容易变质，而且稍微一煮就能食用。

正如前文所写，可食柯的学名是 *Lithocarpus edulis*。*Lithocarpus* 的意思是"像石头一样的果实"，*edulis* 的意思是"可以食用"。有着像石头一样坚硬的外壳，又可以食用的橡子——这个学名完美地诠释了可食柯橡子的特征。

还试着做了蜡烛

橡子烹饪课的前一天，我会独自用锅，把之前捡来风干的橡子煮出一个班的用量。

有一年，我连续四个晚上为四个班级煮橡子的时候发现了一个现象。当时我刚刚煮完橡子，忽然注意到了锅盖的内侧。我是一个懒人，由于那口锅基本可以算是橡子专用锅，所以我并没有每天都刷。连续煮过四个班级要用的橡子之后，我发现锅盖的内侧变成了纯白色。更准确地说，是覆盖着薄薄一层偏肉色的粉状物。

"血沫子？"

我在一瞬间这么以为。然而很快，我便意识到了那是什么。新鲜的可食柯橡子富有光泽，就是因为表面上附着这样一层白粉。书里是不是管这种东西叫

★⋯⋯⋯加里曼丹岛的橡子⑥

有的扁平，有的细长

Chapter 02 边吃边想

"蜡状物质"来着？

为了确认这个推测，我赶忙用勺子把那层粉状物刮了下来，装进锡纸杯，从下方点火炙烤。只见杯中的物质逐渐融化，咕嘟咕嘟地冒起了泡，远离火焰以后又逐渐凝固。

这是个有趣的现象。所以，是不是可以在烹饪橡子的同时，再做个副产物——橡子蜡烛呢？

不过，那种粉状物被火烤热后会变成巧克力色，而且比真正的蜡更易融化，直接接触火焰的话很可能会被烤焦。次日，我把粉状物带到学校，把装着粉状物的锡纸杯放在了烧杯中的热水表面，想要试试用开水把粉状物化开。然而就算这样，粉状物还是会在受热后变色。我还把一根线头和冷凝后的粉状物勉强拼

★·········欧洲栓皮栎

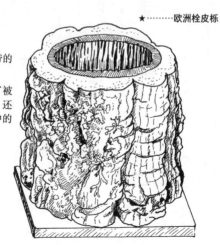

生长在干旱地带的欧洲栓皮栎

树皮很厚，除了被用来制作软木，还会被加工成图中的这种花盆

合在一起，做成了一根小蜡烛，然而这种蜡烛并不能很好地燃烧。

很遗憾，我只能放弃制作橡子蜡烛的计划了。但即便如此，这次经历还是让我确认了可食柯橡子的一个新特征。与枹栎的橡子相比，可食柯的橡子即使放置很久也不会损坏，或许不仅是因为它们有厚厚的外壳，还因为它们表面附着有蜡状物质（枹栎的橡子表面没有蜡状物质）。

这时，我又想到了一个问题。可食柯的橡子肯定不是为了满足我这样的人类，才让自己变得易于储存的。这种特征在大自然中有着怎样的意义呢？

为了心仪的捕食者

藤井伸二在《植物的生存作战》中谈到，如果不及时喷水，枹栎的橡子基本在一周之内就会变干死去。我没有用可食柯的橡子做过同样的实验，因此不好细致比较，但从以往的经验来看，可食柯的橡子就算不喷水也可以活很长时间。

在街边卖树苗、种子之类的园艺店里，花和蔬菜的种子通常会被装进塑料袋中售卖。与这些普通的种子相比，枹栎的橡子对干燥的耐受能力更低。在这种情况下，枹栎的橡子之所以还能存活，一是因为林间的地面相对潮湿，二是因为大林姬鼠会将掉落的橡子

★⋯⋯⋯美国沙漠中会结橡子的树

这棵树破天荒地
长得很高

埋进土里。

　　我在美国沙漠中捡到的橡子也来自栎属植物，外壳并不是很厚。在那种环境下，如果不立即被大林姬鼠等动物埋到土里，橡子恐怕就会失去发芽的能力。如此看来，即便是生长在干旱地带的橡子，也不会为了抵御干旱而进化出较厚的外壳。

　　可食柯是日本的固有种，而日本却没有像美国沙漠一样干旱的地方。如此看来，在我之前想到的"抵御干旱"和"抵御昆虫"这两种可能中，厚外壳的意义更多在于后者。也就是说，可食柯的橡子是为了不被象鼻虫一类虫子吃掉才进化出厚外壳的，耐干旱只是在此过程中顺便获得的附属能力。

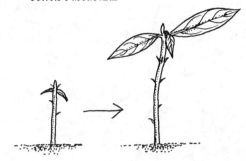

★………可食柯橡子的发芽过程

　　秋天，纷纷落下的枹栎橡子有时会把林间的地面全部覆盖。其中，没被大林姬鼠等动物搬走的橡子会留在母树的脚下躺到冬天。然而仔细观察就会发现，这些没被埋到地下的橡子在落地后不久就开始生根，把根系插到了地下。如此一来，就算地表在冬天时变得十分干燥，枹栎橡子也不会死亡。那么可食柯的橡子呢？它们虽然也会被大林姬鼠当作储备粮搬走，但到了公园等没有搬运者的地方，它们就只能一直躺在树下，即使到了冬天也依然保持着秋天落下时的姿态。这么看来，在没有搬运者的情况下，能够在落地后通过吸收地表水分生根发芽的枹栎橡子才更适于生存。可食柯的橡子只有被埋到地下后才会发芽。

　　春天，我在学校后方的树林里，对枹栎橡子的发芽情况进行了一番调查。我把学生们分成几组，每组负责一块五平方米大的样方，让他们用胶带给样方内

Chapter 02 边吃边想

★·········生根的枹栎橡子

枹栎的橡子落地后，会在冬天里生出根系，等待春天的到来

发芽的枹栎橡子做标记。发芽率最高的一块样方中居然有超过两千个橡子发芽，负责那块样方的学生们大为震惊。虽说枹栎的橡子即使不被搬走也能轻松发芽，但如果是在背阴处，这些发芽的橡子基本上在一两年内就会枯死。如果我们不仅关注橡子发没发芽，还关注发芽的橡子能否顺利生长，那么显然，即便是枹栎的橡子也只有被搬运到光照良好的地方后才能存活。

综上所述，我认为相比于"抵御干旱"，橡子还是把更多的"心思"花在了"想要被谁吃"和"不想被谁吃"上。

★·········发芽的枹栎橡子

如何去除涩味

"感觉有点像泥巴。"

"闭嘴,说得我都没食欲了!"

这番对话之后,高中生大辉和章子等人对着面前的容器发起了呆。

容器里装的是加工后的枹栎橡子,他们正要把这些橡子做成菜肴。

可食柯橡子的特征除了外壳厚之外,还有一点是煮熟了就能吃。与之相反,枹栎的橡子有一股令人难以下咽的涩味(单宁[3]),不能直接食用。我从刚做教师

---

3   一种具有涩味的化学物质,又称鞣酸类物质。

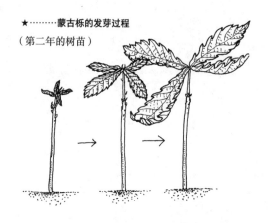

★········蒙古栎的发芽过程

（第二年的树苗）

的时候起，就开始给学生们吃橡子了，但当时我们吃的都是不需要除涩的可食柯橡子，因为我还不知道该如何去除枹栎橡子中的涩味。后来，经过我和学生们的反复试错，我们终于让苦涩的枹栎橡子也变得可以食用了。

我们发明的枹栎橡子除涩法大致如下。

首先，剥掉生橡子的外壳。我在前面提到可食柯的橡子要煮过之后再去壳，是因为这样可以让在储存中变干的橡子恢复原先的软度，使坚硬的外壳变得更好剥。新鲜的可食柯橡子可以直接去壳。

剥壳后的枹栎橡子不用去掉内皮，直接用刀彻底切碎，然后用研钵磨成粉状。当然，这时的橡子粉依然很涩，接下来要做的就是除涩工作。

用纱布把磨好的橡子粉包裹起来，在装有水的盆

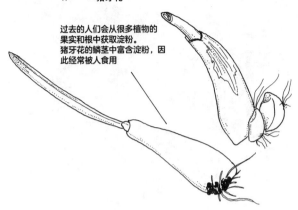

★………猪牙花

过去的人们会从很多植物的果实和根中获取淀粉。猪牙花的鳞茎中富含淀粉，因此经常被人食用

里揉搓。橡子中的淀粉会从纱布中渗透出来，但与此同时，有涩味的成分也会溶解在水中，让盆里的水变成深褐色。在进行这一步操作时，操作者必须把握好淀粉沉到盆底的时机，在恰当的时候倒掉上层的水，再把新的水注入盆中，继续揉搓橡子粉。等到淀粉再次沉底，就重复上述操作，如此反复几次之后，水就会变得清澈透明。这时沉在盆底的淀粉已经没有了涩味，只要将其控干水分再晾干就可以食用了。

松山利夫在一篇有关橡子食用价值的文章《怀恋橡子山——橡子是山民们曾经的主食》（《阿尼玛》杂志第166期）中，列出了橡子的营养成分分析结果。数据显示，枹栎橡子中的水分占28.1%，糖类（淀粉类）占64.2%，单宁占4.8%，其余成分占2.9%。

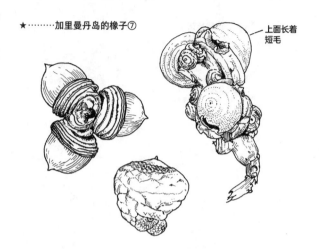

上面长着
短毛

如果按照前面的步骤对橡子进行加工，最后得到的成分基本就只剩下淀粉了。并且，这种淀粉不像马铃薯淀粉那样颜色纯白，而是呈淡灰色。

装在大辉等人面前的容器里的，正是还未完全控干水分的淡灰色淀粉。由于看起来很像泥巴，叫人怎么也提不起食欲。

葛粉茶、果冻、魔芋和豆腐

加工好的橡子淀粉该怎么吃呢？

最简单的吃法就是加入少量的水，然后在锅中加热。

"看，这样的话会越来越黏。"

我的同事——理科教师安田正在为大家演示。只见他一边加热一边搅拌，锅中的物体在某个时刻忽然变得黏稠起来。这时如果再加入白糖，就能做出一种类似葛粉茶的食物。

　　"来，尝尝看。"

　　"啊？我就不用了……亚树子，你来尝嘛！"

　　"欸？！"

　　由于橡子淀粉的外观让大家望而生畏，一开始谁也不敢动嘴。即便如此，它的味道一定不会太差。

　　如果想要更仔细地品尝橡子淀粉的味道，建议将

　　　　　　　　　　　　　　　　　　　　　　　●——枹栎的橡子

　★·········韩国橡子粉的包装袋

锅中的淀粉糊搅拌至足够黏稠后，装进容器冷藏使其凝固，然后切成小块食用。这样做出来的食物有点类似果冻、魔芋或是豆腐。制作过程中不需要调味，等淀粉糊凝固后再根据个人喜好撒上调料即可。

我在下一章中还会详细谈到这种烹饪方法，这里先做简要介绍。橡子淀粉冻是从日本东北地区和九州流传过来的一种传统料理，与日本相邻的韩国也有一种名为"凉粉"的同类食物，至今仍在市面上流通。因此，我还特意买来韩国用于制作凉粉的已除涩橡子粉，让学生们在课堂上用它来烹饪食物。我不清楚韩国橡子粉的原料是什么植物的橡子，但有时买来的橡子粉包装袋上会印着枹栎的图案。

枹栎橡子的除涩制粉是一项极具挑战性的工作。操作手法的好坏——最初能否把橡子磨细、揉搓时能

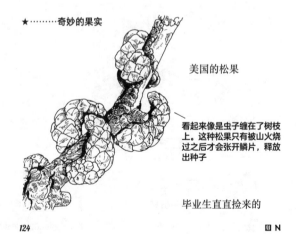

★⋯⋯⋯奇妙的果实

美国的松果

看起来像是虫子缠在了树枝上。这种松果只有被山火烧过之后才会张开鳞片，释放出种子

毕业生直直捡来的

田 N

否将淀粉彻底揉出、换水时能否确保淀粉不要随水流走等——在很大程度上决定了最后能得到多少淀粉。通常来说，一整个研钵的带壳橡子经过加工后，得到的淀粉大约能在直径20厘米的锅底上积累不到1厘米的厚度。如果让手法不娴熟的小组来操作，得到的淀粉几乎就像铺在锅底的一层灰尘。

所以，刚买到韩国橡子粉的时候我激动万分（听说韩国有专门用来榨取淀粉的机器），但实际用它来烹饪的时候，我还是搞砸过几次。

可丽饼制作彻底失败

我有时会受邀就"观察大自然"这个话题发表演

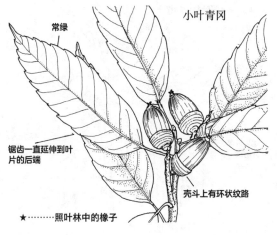

小叶青冈

常绿

锯齿一直延伸到叶片的后端

壳斗上有环状纹路

★⋯⋯⋯⋯照叶林中的橡子

讲。我不擅长当众讲话，虽然对着天天见面的学生讲话已经习以为常，可一旦换成要在什么活动上对着陌生人讲话，我的心还是会怦怦直跳。所以，每当接到邀请，我都会背着一个大登山包前往。包里装的东西因每次要讲的内容而异，往往是些动物的骨骼或稀奇的树果之类。有了这些"实物"，就算我不擅长说话，"实物"本身也能帮我吸引听众的注意。

有一次，我把刚买到的韩国橡子粉装进了背包，还把露营用的打火器和平底锅也一并装了进去，打算在演讲之余让听众们现场品尝一下橡子粉。由于在会场里制作橡子豆腐不太现实，我决定参考可食柯橡子的烹饪方法，把橡子粉烤熟。根据原计划，我只需把

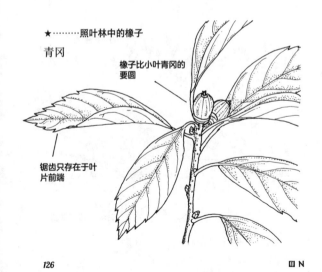

★………照叶林中的橡子

青冈

橡子比小叶青冈的
要圆

锯齿只存在于叶
片前端

橡子粉与水混合，然后放进锅里烤，制作出一张类似可丽饼的薄饼。

然而我最后以彻底的失败而告终。这种橡子粉几乎就是纯淀粉，不像面粉那样含有蛋白质和纤维素，与水混合后很容易烤制成形。换句话说，橡子淀粉的质地和马铃薯淀粉差不多，一旦受热水分就会立刻蒸发，让橡子粉恢复原状。我本来是想靠"实物"来替我撑场子的，结果却因为烹饪失败，不得不多说了好多话来救场。

橡子淀粉的缺点之一，就是能用它来制作的食物太少了。就算是绳文时代的饼干状碳化物，只用橡子淀粉恐怕也做不出来。况且，为橡子除涩的方法虽然可以除掉涩味，却也会让橡子中的其他营养成分随着水和过滤的残渣大量流失，绳文人绝对不会做这么浪费的事。因此，用橡子淀粉做豆腐这种相当考究的技术，应该是在很久之后才出现的。

再次尝试

像枹栎橡子这种有涩味的橡子，在绳文时代应该也得到了人们的广泛应用。我之所以会这么推测，是因为我任职的学校附近出土了绳文时代的遗迹，而整个饭能市几乎没有可食柯。即便偶尔能看到几棵可食柯，也是人工种植在庭院或公园里的，自然形成的山林里完全找不到可食柯的踪影。所以，那些很久以前就居住在学校附近的人一定采集过饭能市常见的枹栎、麻栎、小叶青冈、青冈等植物的橡子，这些橡子全都有涩味。

再次回顾橡子淀粉的制作方法后，我发现所谓的"除涩工作"，其实就是用水淘洗磨碎的橡子。

既然这样，能不能不套纱布，直接把切开磨碎的枹栎橡子放在水中多淘洗几次呢？

在实践这一想法的过程中，为了尽可能多地去除涩味，我在剥掉橡子的外壳后，还把种子上的内皮逐个撕了下来。虽说枹栎橡子不带内皮也是涩的，撕不撕内皮，结果可能差不多，但这么做至少可以减少换

★⋯⋯⋯学校附近出土的石器

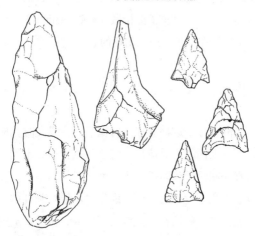

水的次数，所以我还是选择了花时间撕掉内皮。

最后的结果相当令人满意——就算不套纱布揉搓，也可以把涩味除掉。很可能这种除涩法才是最早出现的，而用纱布揉搓出淀粉的方法是在人们想对橡子做进一步加工时才出现的。

试吃各种橡子料理

先把枹栎橡子磨成粉，再直接用水淘洗除涩——用这种方法加工出来的橡子粉与可食柯的橡子粉类似，可以用来制作各种各样的食物。刚才停手发呆的大辉等人这时重新动起手来，把经过纱布揉搓除涩的

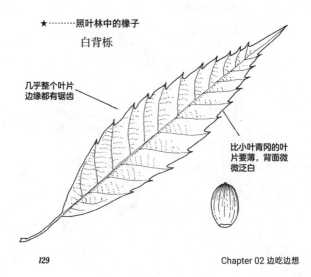

★⋯⋯⋯照叶林中的橡子

白背栎

几乎整个叶片边缘都有锯齿

比小叶青冈的叶片要薄，背面微微泛白

泥状橡子淀粉（颗粒很细）与直接用水淘洗除涩的橡子粉（更像是颗粒稍大的沙土）混合在一起，念叨着甜甜圈、可丽饼之类的名称，制作出了各种各样的食物，并且心满意足地吃掉了它们。

鉴于枹栎橡子的除涩工作取得了圆满成功，我们又把同样的方法用在了有涩味的小叶青冈和麻栎橡子上，让它们也可以食用了。只不过，小叶青冈的橡子个头太小，所以只要能找到枹栎和麻栎的橡子，我就不再想加工小叶青冈的橡子了。

那么，绳文时代的饭能人都吃什么呢？我猜他们当时大概只吃个头小的小叶青冈橡子，还有与小叶青冈橡子差不多大的青冈橡子（然而最喜欢的还是不带涩味

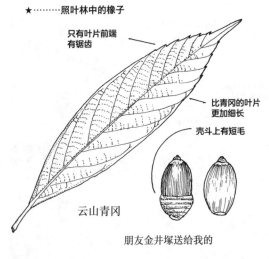

★·········照叶林中的橡子

只有叶片前端
有锯齿

比青冈的叶片
更加细长

壳斗上有短毛

云山青冈

朋友金井塚送给我的

的锥的果实）。因为当时并没有定期受人维护的杂树林，枹栎和麻栎的数量都还很稀少。

相反，那时大面积覆盖饭能市的是青冈、小叶青冈和锥等植物（现在依然能在少量神社和寺庙的树林里见到它们的身影）。我在下一章中也会提到，在残留着较多锥属和常绿栎属植物的对马市，人们直到近些年还在吃除过涩的栎属植物橡子。因此严格来讲，如果要在饭能市制作"绳文饼干"，必须用小叶青冈或青冈的橡子才算正宗。

正宗绳文料理

作为复习，让我们用已经探明的"正宗"绳文手法做一次橡子料理吧！

首先要去捡橡子。这次我们不是去杂树林，而是去神社或寺庙里捡小叶青冈和青冈的橡子，然后用小锤在捡回来的橡子表面敲开裂缝，剥掉它们的外壳。小叶青冈和青冈的橡子个头较小，如果内皮不好撕掉，也可以直接用刀将橡子切碎，或是用锤子将其砸成粗大的颗粒，然后再用研钵磨成细粉。

将橡子粉放入盆中，往盆中加水，让涩味充分融进水里。看准橡子粉沉入盆底的时机倒掉上层的水，再将新的水加入盆中，如此循环往复，直到舔橡子粉时尝不出涩味为止。

★⋯⋯⋯**各种锥** 日本的锥分为好几个亚种

• 饭能产的
  长果锥

• 西表岛产的
  长果锥

• 广岛、宫岛产
  的尖叶栲

　　将加工好的橡子粉从水中捞出晾干，前期准备工作才算正式完成。

　　这时在橡子粉中加入蜂蜜、山药、鸡蛋等增黏剂和调味剂，揉成团后捏成各种形状，放在用炉火预热好的扁平石板上双面烤制即可。

　　"啊——竹扦烧着了！"

　　"表面裂开了，看起来味道不太妙啊⋯⋯"

　　我让学生们做"正宗"的绳文料理，但他们似乎已经不满足于只做饼干，发明出了各式各样的烧烤方法。

　　比如，把橡子面团缠绕在竹扦上，放在离火稍远

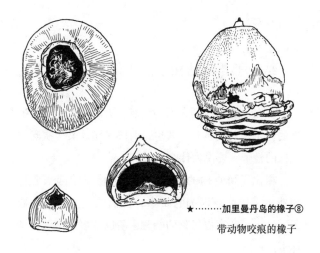

★⋯⋯⋯加里曼丹岛的橡子⑧
带动物咬痕的橡子

的地方烤（你可以想象一下切蒲英[4]的样子）。烤这种食物的火候很难把控，有时表面已经烤干开裂，里面却还没完全烤熟。但只要把控好火候，就能从中品尝出原始面包的口感。为了解决受热不均的问题，最好的方法是把橡子面团做成细长的圆筒状，用浸湿的纸和锡纸包裹，直接放到炉火里面去烤。

"像烤红薯一样！"

尝过一口的学生发出了感叹，这样烤出来的食物无论外观还是味道都确实很像烤红薯。说不定，绳文时代的人们也会把橡子面团裹在树叶里，像这样

---

4 日本秋田县北部的鹿角市的地方美食，一般吃法是把米饭捣碎后裹在杉木棒上，放在炉子上或者插在火堆边烤着吃，更为奢侈的吃法是把米糕棒和鸡肉等食材一起煮成火锅。

烤着吃呢!

结橡子与不结橡子的年份

现在让我们回到之前的话题。大辉等人品尝了枹栎的橡子,其实当时,我也是时隔多年才又一次吃到枹栎的橡子,要说为什么……

相比于可食柯的橡子,枹栎的橡子吃起来要更加费事。然而正因为它费事,反而能让人对"吃橡子"这一事实有更深刻的感触,所以费事也不一定是坏事。

另外,小叶青冈和青冈的橡子个头都太小,加工

★………加里曼丹岛的橡子⑨

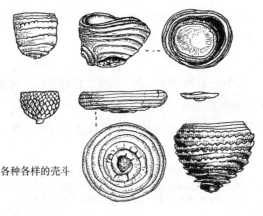

各种各样的壳斗

起来会更加麻烦。而枹栎在学校内和学校周边都有很多，学生们对它更为熟悉。

因此，如果只是为体验一下"吃橡子"的感觉，我更倾向于每年带学生们吃枹栎的橡子。不过，我也并不是每一年都能如愿——枹栎也是有"大小年[5]"的。

大年时，学校附近的杂树林里会落满枹栎的橡子，简直让人无从下脚。学校的冰箱里也会被橡子塞得满满当当。然而一到小年，杂树林的地面上几乎一个橡子也没有了。

有趣的是，可食柯与枹栎大不相同，每年都会结出一定数量的橡子。我目前还没遇到去了千叶却捡不到可食柯橡子的情况。两者同样都结橡子，为什么会存在这种差异呢？

在我成为教师、开始带学生们捡食橡子之后，枹栎的大小年现象就成了一个亟待解决的实际问题。于是在1993年的秋天，我决定对这个问题正式展开调查。

我猜枹栎的大年和小年是交替出现的，于是翻看了自己之前的田野调查笔记，想要从中找出支持这个猜想的依据。然而，之前的记录都很不明确，我以为是小年的年份里并没有橡子歉收的记录，但橡子丰收的年份里也并没有记录具体收获了多少橡子，无法通

5　植物种植领域术语，指果树等农作物一年多产（称大年）、一年少产（称小年）的现象。

过具体数字进行比较。

因此，为了证实自己的猜想，我从那年开始重新收集起数据。我的做法很简单：在学校里选定一棵枹栎树，把从它上面掉下来的橡子全部捡起来，并统计数量。

七年后的意外结果

"30、31、32……"

"螳螂先生，你在干什么？"

"捡橡子。33、34……"

"为什么啊？"

"我在数数！35、36……"

听我这么说，那名学生立刻露出了一副难以置信的表情。我不想在数数的时候被打断，想必脸色不会太好。

"螳螂先生，你在干什么？"

又来了。然而，这次来的学生不知道是因为太闲还是嫌我捡得太慢，和我一起捡起了橡子。

不准确的记录（摘自田野调查笔记）

1985	1986	1987	1988	1989	1990	1991	1992	1993
○?	无记录	○	无记录	○?	无记录	○	×	○

○ 枹栎丰收
× 枹栎歉收
○? 有枹栎丰收的记录，但不知道具体收获了多少
无记录 没有关于枹栎橡子的记录

1998年，我观察的那棵枹栎树下掉落了三千个以上的橡子。就算我再喜欢捡东西，一口气捡这么多的橡子也让我深感厌烦，更何况有些橡子还是被学生踩烂的。

从1993年秋天到1999年秋天的七年时间里，我一直在坚持捡橡子。在后来的课堂上，我把这几年统计的数据念给了学生。

"1999年，116个。"

"1998年，3100个。"

"1997年，0个。"

原来这就叫大小年啊！学生们的脸上露出了恍然大悟的表情。

"1996年，0个。"

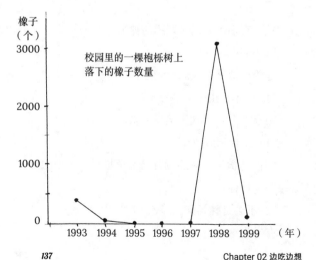

校园里的一棵枹栎树上落下的橡子数量

校园中枹栎树的橡子掉落情况

		1993 年	1994 年	1995 年
No	1	×	×	×
	2	×	△	×
	3	×	×	×
	4	○	△	×
	5	△	×	×
	6	×	△	×
	7	△	×	×
	8	△	○	×
	9	×	△	×
	10	△	△	×
	11	△	△	×
	12	△	△	×
	13	×	△	×
	14	×	×	×

○ 有橡子掉落　　△ 数量极少
× 无橡子掉落
※1995 年学校里的 14 棵枹栎树一共只掉落了 4 个橡子

　　欸？有学生露出了疑惑的神情。

　　"1995 年，0 个。"

　　等等！似乎有人想要喊停。

　　"1994 年，10 个。"

　　10 这个数字让大家笑了起来。

　　"1993 年，351 个。"

　　不仅是学生，就连我自己都没想到七年来的统计结果会是这样。

　　"会不会是螳螂先生漏捡了呀？"

　　有学生这么问。

在橡子数量上百的年份里，我确实有可能漏捡了一些橡子。但在只有0个和10个橡子的年份里，我肯定没有其他橡子可捡了。

错误的猜想

这种现象不只出现在我选定的那棵枹栎树上。

1993年秋天，学校里所有的枹栎树下都落了很多橡子，仅仅是我选的那棵树下就落了300个以上。然而在两年之后的1995年，到处都找不到橡子的踪影。我绕着校园里的14棵枹栎树转了一大圈，最后只捡到了4个橡子。

★⋯⋯⋯加里曼丹岛的橡子⑩

柯属植物组成的树林

Chapter 02 边吃边想

"学校里的树都来自同一家树苗供应商，结果是多是少，应该都遵循统一的规律吧？"

然而事实证明，学生们的这个推测是错的。学校里的枹栎结果多的时候，学校周围杂树林里的枹栎结果也多，反之亦然。

另外，我的猜想也是错的。枹栎的大年与小年并非交替出现，而是以更为复杂的规律出现的。

即便都是大年，1993年和1998年的橡子数量也有着十倍之差。不过，这或许只是单纯地因为那棵树在六年的时间里有所成长。1998年秋天，我们终于在时隔五年之后，再一次尝到了枹栎橡子的味道。

其实，我最初猜测枹栎的大年和小年会交替出

★………加里曼丹岛的橡子⑪

各种叶片

哈茨龙脑柯
（Lithocarpus hattusimae）

锐齿石柯樟叶
（Lithocarpus turbinatus）

蓝坡柯属树
（Lithocarpus lampadarius）

哈维兰卡斯柯
（Lithocarpus havilandii）

针刺状龙脑柯
（Lithocarpus stenostachius）

0   5cm

都是柯属
植物

现，自有我的理由。我认为对于树木来说，结橡子是一件相当消耗体力的事。因此，当我注意到枹栎存在大小年的时候，自然就会以为小年是树木在大年之后一年恢复体力用的。

然而，我想错了。

无论是校园里人工种植的枹栎，还是校园外杂树林里的枹栎，基本上都会同时迎来大年或小年。也就是说，大小年是一个地域性的现象。如此一来，影响大小年的主要因素应该就是气候了。

就在我想到这一点时，恰好有人为我送来了有关大小年的资料。

来送资料的人叫早武真理子，是东京某所高中的一年级学生。她读过我的书，还曾经来我任职的学校里拜访过。

大年与小年

《动物尸体的博物志》——虽然自己说出这种话显得有点奇怪，但听说早武同学读过的是我的这本书后，我的心里还是有些忐忑。万一她向我提出之前那个业余推理小说家的要求该怎么办呢？

所幸的是，她还算是个"正经"的高中生（只不过是带着自己煮好的蝮蛇骨骼来的）。聊过一会儿后，我送了她一本《饭能博物志》作为见面礼——这本书由我在

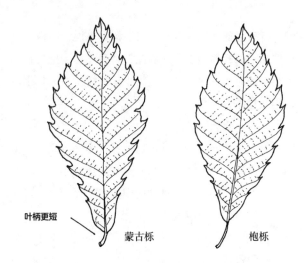

叶柄更短　　　　　蒙古栎　　　　　　　　炮栎

学校里发表过的通讯稿集结而成。就是这样一位女高
中生给我寄来了信件和资料。

　　"您在《饭能博物志》里提到了橡子的大小年，
我来给您送点相关资料。"

　　与这封信一同送来的，是一本名叫《东京都的自
然》的杂志，发行方是她参加书友会活动时常去的自
然科学博物馆。在那期杂志中，学者森广信子在奥多
摩对炮栎和蒙古栎橡子的大小年现象做了详细的调查
和讲解。

　　蒙古栎是一种与炮栎极为相似的植物。它们就连
叶片都很像，只不过蒙古栎的叶柄要更短一些。此
外，蒙古栎的橡子要比炮栎的橡子大上一圈。相比于
炮栎而言，蒙古栎更适合生长在海拔较高、气温较低

的地方。我居住的地区（海拔在200米以下）就完全见不到蒙古栎，而森广做调查的地方（海拔1200米）恰好允许两种植物混杂生长。

根据森广的研究结果，奥多摩的枹栎大小年情况如下：

1993年 大年

1994年 大年

1995年 小年

1996年 小年

1997年 小年

1994年在饭能市算不上大年，因此，森广和我

★………蒙古栎橡子

蒙古栎的橡子比枹栎
的橡子大得多

统计的数据多少有些出入。不过，大小年大致的分布情况还是很相近的。这就说明，枹栎橡子的大年和小年确实不会交替出现，而是会不规律地出现。森广还在同一地区调查了蒙古栎橡子的大小年现象。结果显示，蒙古栎的大年和小年会交替出现。

即使是相似的栎属植物，蒙古栎和枹栎的大小年节律也不一样，这一点令我十分诧异。也就是说，在同一年的同一地点，不同种类树木的大小年情况是不一样的。

大小年的背后似乎还隐藏着更多的秘密。

有些年份不开花

既然枹栎和蒙古栎的大小年不同步，我们就很难

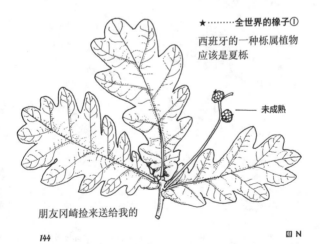

★⋯⋯⋯全世界的橡子①
西班牙的一种栎属植物
应该是夏栎

—— 未成熟

朋友冈崎捡来送给我的

说大小年是由气候决定的了。枹栎和蒙古栎都是春天开花，秋天结果。如果说结果量少是花期气候不好造成的，那么两者的大年和小年应该一致才对。况且，就算抛开枹栎不谈，仅从蒙古栎的大小年交替出现这一点来看，大小年现象似乎也与气候没什么关系。

我做的调查仅仅是每年秋天到固定的一棵枹栎树下捡橡子，而森广却以一种更严谨的方式对这一问题进行了调查。

在调查之初，森广先是在每棵树上设置了两个接橡子用的"陷阱"（将容器悬挂起来，使其能接住上方掉落的橡子）。作为调查对象的蒙古栎和枹栎总共有25棵。调查后期，森广会把掉在"陷阱"内的东西归类为完

橡子尚未成熟时
的枹栎
（5月中旬）

Chapter 02 边吃边想

整的橡子、单独的橡碗、有咬痕的橡子、没长成的果实等，分别统计其数量和重量。

根据森广的说明，"没长成的果实"指的是开花后几乎没有继续发育，还没有长成橡子形状的果实。这种果实多半是因为授粉不力，或是母树出于某种原因停止生长形成的。

在"陷阱"收集到的东西中，森广最关注的就是没长成的果实的数量。如果气候能在花期过后影响果实的发育，从而导致大小年的出现，那么大年和小年里没长成的果实数量就会存在差距——大年里没长成的果实数量少，而小年里则数量多。然而，实际情况却恰恰相反。小年里没长成的果实数也几乎为零。这

壳斗已经长成，橡子尚未发育完全时的枹栎（8月中旬）

样一来，小年的出现并不是因为植物在花期或花期过后受到了气候的影响，而是因为植物在那一年里根本就不怎么开花。最不可思议的是，同一地区的植物开花或不开花的年份也基本相同（当然也有例外情况，少量树木会在小年里落下橡子）。

"大开花"的时间

森广的调查到最后也没能解开枹栎一齐开花的谜团。

让我们从橡子之外的植物入手，找一找解决这个问题的线索吧。

"一齐开花"这个说法让我最先想到的是加里曼丹岛的热带雨林。在那里，有一个名叫"大开花"的现象。

热带通常被认为没有季节之分。但其实，即便是热带，不同地区也存在雨季和旱季之分——热带的季节不是依据气温，而是依据降雨量来划分的。然而，包括加里曼丹岛在内的东南亚地区却没有明显的旱季，因此从理论上说，这里的树木可以持续不断地开花。

"大开花"现象就发生在这片没有季节之分的加里曼丹岛上。开花的主要植物，就是我在波令森林里遇到的龙脑香科树木。这些树大约每隔五年就会集体开花结果一次。

日本学者在加里曼丹岛蓝卑尔的热带雨林里搭建

橡子已经成熟
的枹栎
（9月中旬）

树塔的目的之一，也是为了仔细观察这片热带雨林里的"大开花"现象。负责这项研究的核心人物井上民二在《生命的宝库·热带雨林》(NHK) 一书中，兴致盎然地介绍了自己的研究过程。

昨天花没开，今天花没开……记录了无数次这样的数据之后，井上的研究团队终于迎来了一次时隔四年的"大开花"，成功收集到了从一次开花到下一次开花的一整个周期里的宝贵数据。发生"大开花"现象的不只有龙脑香科植物，但也并非森林里所有的植物都同时开了花。森林里接近半数的植物以微小的时间差一种接一种地开了花。

根据书中的解释，"大开花"现象的诱因是一段

★⋯⋯法国勃艮第森林里的橡子

毕业生未花子
捡来的

放的时间太久,
已经碎裂

有两种不同的壳斗

时期的持续低温。比如,这次的"大开花"现象发生前,最低气温低于20摄氏度的日子就持续了一周之久。

所以,枹栎的大小年真的和气温有关吗?有报告称,英国一种栎属植物的大小年与开花时期的气温有关。但就像前面提到的那样,由于蒙古栎和枹栎的大小年不同步,我认为栎属植物的大小年并不完全由气温决定。

"为什么"和"怎么样"

下面让我们再来看一看水青冈。水青冈也有大小年，针对水青冈大小年的研究比枹栎和蒙古栎都多。

根据研究结果，水青冈的大小年基本上是交替出现的，而且每隔五到七年会出现一次特大年。

另外，每个地区水青冈的大小年也几乎同步，原因之一就是结果会消耗树木的"体力"，树木需要用一年的时间来恢复。这个观点与我最初有关枹栎的猜想如出一辙，但仅适用于解释大小年交替出现的情况，无法解释像枹栎那样大小年不规律的情况。根据《壳斗林自然志》中的记载，人们在调查水青冈的年轮时发现，大年时树干年轮的宽度只有小年时的一半。所以，大年其实是树木牺牲自己换来的结果。

然而仔细一想就不难发现，即便是水青冈，其大

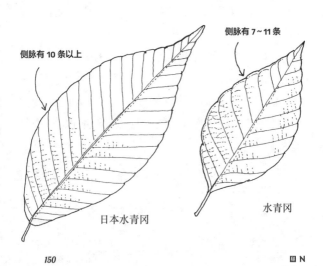

侧脉有 7~11 条

侧脉有 10 条以上

日本水青冈

水青冈

小年现象也不能全靠"恢复体力说"来解释。如果小年的出现仅仅是为了让树木恢复"体力",那么每棵树的大小年并没有必要同步出现。然而事实是,整片森林里每棵树的大小年都几乎同步,这背后肯定还隐藏着什么别的机制。当然,枹栎的大小年虽然不交替出现,却也躲不过大年会消耗"体力"的命运。

想来想去,所有树木大小年同步出现的机制仍然是个谜。或许,我们身边的自然和会发生"大开花"的遥远的热带雨林一样,都同时受到很多因素的影响。

我们目前为止一直在讨论"怎么样",即机制的问题。除了这个问题以外,还有"为什么"大小年会出现的问题有待解决。

植物只有在一次性大量结果时才需要恢复体力,那么,为什么就不能每年都少结一些橡子呢?还有,

★⋯⋯⋯水青冈

一个壳斗里有两个带棱角的果实

　　　　　　　　　　　Chapter 02 边吃边想

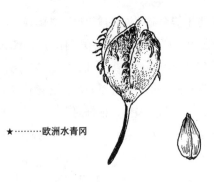

★········欧洲水青冈

毕业生未花子从英国捡来的

所有植物的大小年为什么要同步出现呢？每棵树以各自的节律一年大、一年小地循环下去难道不好吗？

为生存进行的智慧较量

很多动物都会吃橡子。

我在前面的章节中已经指出，吃橡子的动物可以分为两类，其中一类只吃橡子而不负责搬运种子，对橡子毫无益处。就枹栎而言，柞栎象等昆虫就是这类动物之首。可食柯的橡子由于外壳较厚不会被虫蛀，但被象鼻虫吃剩一半的枹栎橡子却随处可见。

为了解释大小年"为什么"会出现，有人提出了一个听上去很高级的理论——时间逃逸假说。这个理论认为橡子的大小年现象与吃橡子的动物有关。

以枹栎和柞栎象为例，柞栎象的幼虫只能靠吃橡子生存。也就是说，橡子的有无直接关系到柞栎象的生死。

　　那么，当枹栎橡子的数量在时间上分布不均，即有大小年的时候会怎么样呢？

　　大年虽然会让柞栎象的数量有所增加，但由于小年里可供幼虫吃的橡子数量急剧下降，下一年能够羽化的柞栎象数量也会随之锐减（当然，小年也并不是说整片森林里一个橡子也没有）。等到下一个大年终于来临，橡子的数量又会多到柞栎象产卵都产不过来。

　　正因为小年的存在，枹栎可以把柞栎象的个体数量抑制在一个较低的水平，以此来增加大年里存活的

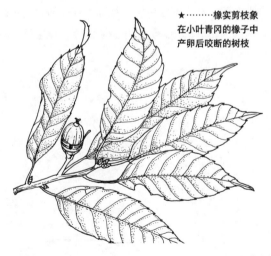

★········橡实剪枝象
在小叶青冈的橡子中
产卵后咬断的树枝

橡子数量。

时间逃逸假说，指的就是橡子会沿着时间轴躲避虫害。

相反，如果一棵树每年都结同样多的橡子，或者森林里的每棵树都以各自不同的节律结橡子的话会怎么样呢？那样的话，每年都会有与橡子数量对等的柞栎象存活下来，更多的橡子将会遭到虫蛀。

只依赖橡子生活的生物最容易受大小年的影响。因此可以说，大小年是植物为了摆脱害虫而精心谋划的生存诀窍。

没有哪一方是赢家

为了保护自己不受虫害，枹栎不规律的大小年是一种绝妙的防御机制。大小年越不规律，昆虫就越不

★………橡实剪枝象的幼虫

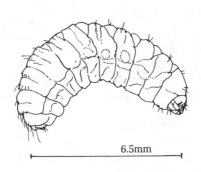

6.5mm

好利用橡子。干得不错嘛！我不禁对枹栎刮目相看。

然而实际情况又是如何呢？

尽管枹栎已经如此用心良苦地保护自己，专吃枹栎橡子的柞栎象的数量也还是没见减少。

我的同事安田本来学的是地球科学专业，现在却成了一名比我还要资深的生物学家。他工作勤勉认真，和马马虎虎的我是一对天生的搭档。掉落的枹栎橡子中究竟有多少被柞栎象产了卵？安田针对这个问题进行了调查。方法很简单，只需要把掉落的枹栎橡子收集起来，数一数最后有多少橡子上长了虫眼，从里面钻出了幼虫即可。安田捡到的143个橡子中，居然有84个钻出了柞栎象的幼虫！如此看来，枹栎的防御措施岂不是都白做了？

我之前说过自己不太了解象鼻虫在地下的生活，但据我所知，它们好像是通过调控幼虫和蛹在地下待

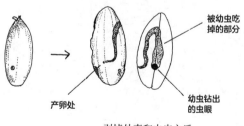

★⋯⋯⋯柞栎象的咬食痕迹

被幼虫吃掉的部分

产卵处

幼虫钻出的虫眼

剥掉外壳和内皮之后

的时间来对抗大小年的。一年，两年，三年……它们会让每一个个体的羽化时间相互错开，以确保成虫能"撞上"大年。

那么，在小年里羽化的成虫会怎样呢？1995年就是枹栎的小年，当时我住在一间面朝杂树林的公寓里，每天晚上都会看到柞栎象的成虫被街边的路灯吸引过来。从9月18日到10月14日的这段时间里，我一共统计到了48只柞栎象（其中有17只雌虫）。原来就算是小年，也会有很多柞栎象选择羽化。这些雄虫和雌虫将面临怎样的命运？它们是如何决定自己的羽化时间的？我还不太清楚。

枹栎无论如何也摆脱不了柞栎象（从上一章有关壳斗功能的讨论中，我们也能得出同样的结论）。

★………柞栎象吃橡子方式的示意图

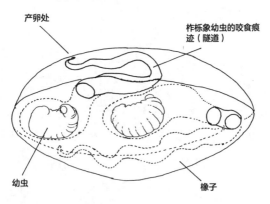

产卵处

柞栎象幼虫的咬食痕迹（隧道）

幼虫

橡子

枹栎和柞栎象没有哪一方是赢家，它们在相互不断地做生存技巧上的竞争。如果枹栎没有进化出大小年，恐怕会落到更为凄惨的境地。

　　既然如此，没有虫害困扰的可食柯是不是就没有大小年了呢？

毫无规律可循

　　小山修三的《绳文时代》一书中，收录有他在万博纪念公园做调查时绘制的麻栎与小叶青冈的大小年变化图表。

　　从图表来看，麻栎的大小年和枹栎类似。也就是说，麻栎虽然也有大年和小年，但小年有时会持续两年。

　　在龟山章主编的《杂树林的植被管理》(软科学出版社) 中，记载了学者对蒙古栎长达20年的研究结果。根据书中所写，蒙古栎前9年的表现与森广的调查结果一致，即大小年交替出现。然而此后，大小年出现的规律发生了变化，大年和小年有时会连续出现。看来，蒙古栎也基本上和枹栎一样，有着不规律的大小年。

　　田川日出夫在《自然》杂志 (1979年2月刊) 上发表了他在九州的调查结果。结果显示，赤栎和赤皮青冈的大小年分布是不一致的。

放眼望去，我们似乎可以得出一个结论——大小年的出现是没有规律的。就算生长在同一片地区，不同种类植物的大小年也各不相同（从绳文人的角度来看，这应该是一件值得庆幸的事吧）。

除了这个共通点以外，我还注意到了一个地方。那就是《绳文时代》里有关小叶青冈的数据记载。

小叶青冈也有大小年。然而根据书里的调查结果，在10公亩（1公亩＝100米×100米）的调查范围内，小叶青冈落下的橡子数即使在小年里也与麻栎在大年里落下的橡子数相当。也就是说，小叶青冈虽然也有大小年，但每年还是会落下一定数量的橡子，不像麻栎和枹栎表现得那么极端（从绳文人的角度来看，小叶青冈应该比枹栎更值得感恩）。

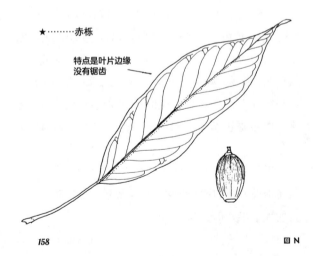

★………赤栎

特点是叶片边缘
没有锯齿

★⋯⋯⋯赤皮青冈

树如其名，叶片和
橡子都很有特色

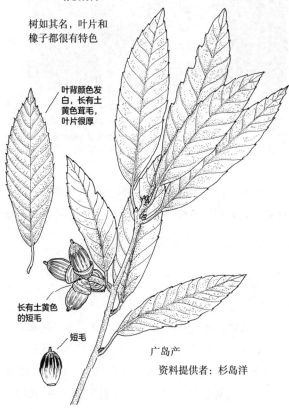

叶背颜色发
白，长有土
黄色茸毛，
叶片很厚

长有土黄色
的短毛

短毛

广岛产

资料提供者：杉岛洋

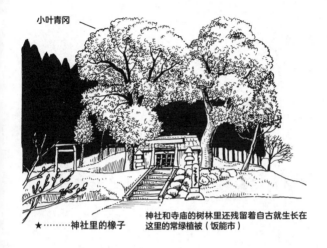

小叶青冈

★‧‧‧‧‧‧神社里的橡子

神社和寺庙的树林里还残留着自古就生长在这里的常绿植被（饭能市）

说起来，饭能的神社和寺庙里也有几棵高大的小叶青冈。它们每年都会落下橡子，我一直觉得很不可思议。

每年都结橡子的可食柯

小山修三在万博纪念公园也调查了可食柯橡子的掉落数量。然而遗憾的是，书里并没有介绍每年的掉落数量是如何变化的。我自己也只有"每年都能捡到"这种直观感受型的记录，没有现成的准确数据。于是，我展开了思考。

在会结橡子的植物中，枹栎和蒙古栎的大小年非常明显，而与之相对，小叶青冈的大小年乍看之下不

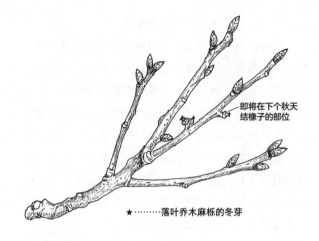

即将在下个秋天
结橡子的部位

★⋯⋯⋯⋯落叶乔木麻栎的冬芽

甚明显。我打算从这里寻找突破口。

这两者的区别在于，前者是落叶乔木，而后者是常绿乔木。从《绳文时代》所示的其他数据来看，落叶乔木和常绿乔木的橡子每年不仅在掉落方式上有所区别，掉落的数量也存在差距。在10公亩的调查范围内，常绿乔木年均掉落的橡子数量更多。那么是不是说，相比于每年都会更换新叶的落叶乔木，常绿乔木更能腾出余力将叶片制造出的养分传递到橡子中呢？

可食柯也是一种常绿乔木，年均落下的橡子数比落叶乔木枹栎要多得多（根据书中介绍，10公亩内掉落的可食柯橡子有19千克，而枹栎橡子则只有4.5千克）。我由此推测，可食柯结橡子的方式与小叶青冈类似。即虽然不同年份落下的橡子有多有少，但至少都会达到一定的

Chapter 02 边吃边想

数量，让我们每年都能捡到些橡子。

然而，当我们结合田川报告中的图表来看，就会发现这个推测也有点站不住脚。因为赤栎和赤皮青冈也是常绿乔木，但它们在小年里几乎不结橡子。

归根结底，要想知道可食柯的橡子每年是怎样掉落的，只有亲自调查一下才能得出结论。除了尚不确定是否存在大小年的可食柯以外，其他会结橡子的植物都有属于自己的大小年。可以想见，可食柯应该也是有大小年的，只不过表现得不太明显。大小年现象似乎与橡子本身有着紧密的联系。

橡子的花

这里我想稍微转移一下话题，来聊聊橡子的花。

你能画出橡子的花吗？

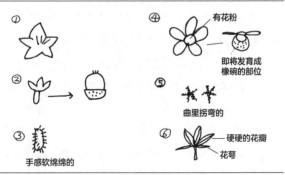

①~③为普通社会人士所画，④~⑥为高中生所画

"你们见过橡子的花吗？"

被我这么一问，很多学生都陷入了沉思。尽管校园里就种着很多枹栎，但当我让学生们试着把橡子的花画出来后，还是收获了许多与"菠萝花"一样千奇百怪的画作。

4月仲春，枹栎的冬芽张开鳞片，新年的新枝从中生发。叶片尚未完全长好时，新枝的前端就已经开出了几朵雌花，只不过因为没有花瓣而不太显眼。与此同时，新枝的基部也开出了许多仅由6根雄蕊组成的小花，它们会沿着一条细细的花茎生长，像流苏一样悬垂下来。虽说都叫"橡子的花"，但还是雄花更加引人注目。

不仅是枹栎，麻栎、小叶青冈等其他栎属植物一

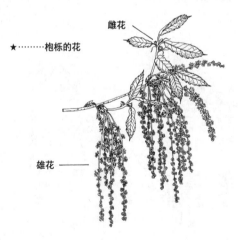

雌花

★‥‥‥‥枹栎的花

雄花 ————

到春天也会开出同样的花。常绿的青冈类植物和落叶的栎类植物在外观上是那么不同，我曾经很纳闷为什么它们都是栎属植物。然而在看到了它们开出的花是那么相似之后，我才终于释然：它们果然还是有共通点的。

"对，我们那边管这个叫'垂垂子'。"

听我聊起橡子的花，岩手县出生的远知想起自己曾经这样称呼栎属植物的花。"垂垂子"这个说法指的是橡子花中相对显眼的雄花，语感上确实形象地展现了雄花悬垂下来的样子。

虽说都是橡子，可食柯橡子开出的花却很不一样。

虫媒花和风媒花

饭能市的可食柯数目极少，每年6月下旬开花。

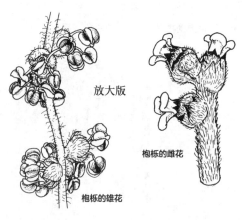

放大版

枹栎的雌花

枹栎的雄花

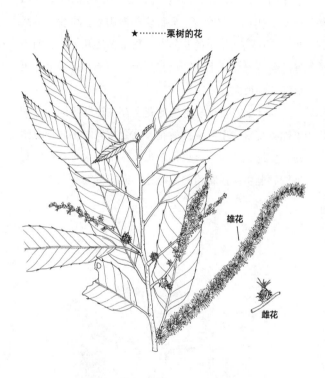

★·········栗树的花

雄花

雌花

可食柯的雄花与枹栎类似，也是很多花开在同一条花茎上。然而，可食柯的花茎却是硬挺笔直的，不但不会下垂，反而还会向上生长。此外，可食柯每朵雄花的雄蕊都很长，颜色呈白色（枹栎的雄蕊很短且呈黄绿色），凑在一起时看上去很像一把刷子。可食柯的雌花也开在向上生长的花茎上，数量多达几十朵。而枹栎的雌花一条茎上最多只有几朵，因此在外观上与可食柯差别很大。

　　为什么可食柯和枹栎的花会存在这些不同呢？如果你去观察一下可食柯的花，就会发现时不时地有蜜蜂、食蚜蝇之类的昆虫飞过来。这是因为可食柯的花是依靠昆虫搬运花粉的虫媒花，而枹栎的花则是依靠

雌花

雄花

★………锥树的花

风来传播花粉的风媒花。每到春天，枹栎之所以会在叶片长成之前就挂满雄花，是因为这样能够更好地借助风力传播花粉。可食柯之所以会将醒目的白色雄花（这时雄蕊起到了花瓣的作用）开在向上生长的硬挺花茎上，是因为这样更利于吸引昆虫。可食柯直到6月才开花，也是为了让花期与昆虫最活跃的时期相吻合。

可食柯的花有一股独特的腥味，这也是它吸引昆虫的秘技之一。从雄花花束呈刷子状、花朵带有腥味这两点来看，可食柯与壳斗科中的栗属植物和锥属植物更相似。如果仅凭花的样子来分类（这几种植物的雌花也有很重要的共通点，此处略去不谈），那么柯属植物应该和栗属和锥属植物归为一类（壳斗科之下的栗亚科）。

★⋯⋯⋯可食柯的花

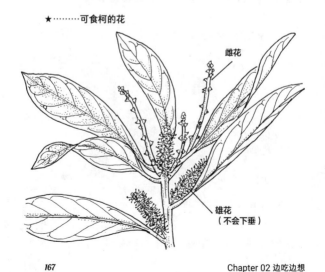

雌花

雄花
（不会下垂）

当我们把着眼点放在花上，就会发现栎属植物和柯属植物截然不同。我之前把栎属和柯属植物的果实定义为橡子，但就现在看来，或许两者只是果实碰巧相似的"陌路人"。

不过话又说回来了，既然不同类型的植物都能结出名为"橡子"的果实，那么这些植物之间是否还存在什么隐秘的联系呢？

神奇的轮叶三棱栎

现在，让我们再次有请久违的加里曼丹岛登场。加里曼丹岛上的壳斗科植物中有一种有趣的树，或许能够帮助我们解开栎属与柯属植物间的关系之谜。

★⋯⋯⋯被可食柯的花吸引来的昆虫们

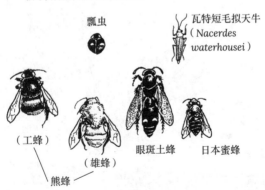

瓢虫

瓦特短毛拟天牛
（*Nacerdes waterhousei*）

（工蜂）

（雄蜂）

熊蜂

眼斑土蜂

日本蜜蜂

除此之外，还有小字黄峡蛾、菜粉蝶、短翅细腹食蚜蝇、苍蝇等

这种树就是轮叶三棱栎。虽然名字中带"栎"，但轮叶三棱栎其实并不是栎（栎属植物），而属于专门的三棱栎属，全世界仅有三个已知品种。在这三个品种中，一种名字就叫"轮叶三棱栎"，生长在加里曼丹岛。

"该品种被誉为本世纪（20世纪）最大的植物学发现之一，由英国皇家学会于1961年的一次调查中首次发现。"

基纳巴卢山宿舍中的一本名叫《基纳巴卢》的大厚书里这样写道（既然被誉为"本世纪最大的发现"，那么这种树应该不为一般人所知吧）。

轮叶三棱栎的有趣之处在于，它的身上集结了壳斗科植物的各种特征，叶片像锥属和栎属植物，果实和壳斗部分则像水青冈属植物。

"这就是轮叶三棱栎。"

武生带我在公园主园区的森林里散步时，把一棵货真价实的轮叶三棱栎介绍给了我。

然而，那棵树的叶片和形态并不具备太显著的特征，我当时也还没有想到过前面的那些疑问。直到一两周之后，我才读了写着"本世纪最大发现"的那篇文章，心想完了，当时应该再好好看一看的！我后来又去同一个地点转了转，但那棵轮叶三棱栎已经完全和其他的树木混在了一起，我无法分清哪一棵才是它（这也是为什么本书中没有轮叶三棱栎的插图）。

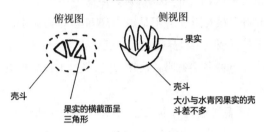

俯视图　　　　　侧视图

果实

壳斗

果实的横截面呈
三角形

壳斗

壳斗
大小与水青冈果实的壳
斗差不多

"我捡到了轮叶三棱栎的果实。"

武生说自己后来在对基纳巴卢山地区的调查中捡到了轮叶三棱栎的果实，顿时让我感觉遗憾万分（武生很有学者风范，总是会云淡风轻地和我聊天）。

顾名思义，"三棱栎"指的就是"有三个棱角的栎"，其实它的学名 Trigonobalanus 也是这个意思，原因就是它的果实横截面呈三角形（普通橡子的横截面呈圆形）。

三个三角形果实

由于我既没看过也没捡到过轮叶三棱栎的果实，武生通过画图向我描述了它的特征。

"从上方看，一个壳斗里有三个三角形的果实，像这样排成一排。我也是第一次捡到实物，真开心哪。"（武生果然也会开心。）

武生说，三棱栎的特征是一个壳斗里有三个果实

（也有果实更多的情况），而普通橡子的壳斗里只有一个果实。

咦？等等！我忽然发现了一件平时没有注意到的事。轮叶三棱栎的果实的确比橡子更有特点，但话说回来，日本不是也有一个壳斗里装着三个果实的植物吗？那就是栗。

栗子的刺球和橡子的橡碗都是壳斗，我平时没想到过这一点，所以从来没觉得奇怪。而现在，我在脑海中重新梳理了一下各种壳斗科植物的一个壳斗里有多少果实。

三棱栎：一个壳斗里有三到七个果实。

栗：一个壳斗里有三个果实。

水青冈：一个壳斗里有两个果实。

锥：一个壳斗里有一个果实。

★·········未熟栗子的横截面

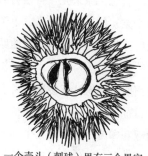

一个壳斗（刺球）里有三个果实

枹栎和可食柯也是一个壳斗里有一个果实。

这时，武生以他的一段失败经验为例，继续向我做起了说明。

"捡到轮叶三棱栎的果实之前，我还捡到过一种锥属植物的果实。它当时还没完全成熟，我剥开壳斗后发现里面有三个果实，所以一开始错把它当成了轮叶三棱栎的果实。"

直到后来捡到成熟后的同一种果实时，武生才意识到自己判断错了。

壳斗科的"活化石"

"剥掉已经成熟的壳斗以后，我发现只有正中间的那个果实长大成形了，两侧的果实则退化掉了。锥属植物之所以一个壳斗里只有一个果实，就是因为壳斗中其他的果实都发生了退化，最后只留下了一个。"

有点意思，我想。原来壳斗科植物的每个壳斗里原本都是有多个果实的。这么说来，单个壳斗中果实数量最多的轮叶三棱栎与壳斗科植物的原始形态最为接近。

正如我前面所说，轮叶三棱栎的身上集结了壳斗科植物的各种特征。另外，三棱栎属植物还分布在亚洲南部马来西亚和印度尼西亚的几个岛屿、泰国中部以北至中国云南南部、哥伦比亚这三处相距甚远的地

★⋯⋯⋯全世界的橡子②

美国，北卡罗来纳州

父亲捡来的

方。化石鉴定结果显示，它们的分布范围曾经更为广泛，现在的三棱栎属植物仅仅是幸存下来的一小部分。也就是说，现在的轮叶三棱栎还保留着远古时期壳斗科植物祖先的原始形态，堪称壳斗科植物的"活化石"。

听武生这么一说，我又发现了橡子的一个秘密。

栎属和柯属植物虽然并非同属，但它们结出的果实却很相似。其中一个相似之处就是，它们的一个壳斗里都只有一个果实。

锥属植物虽然也在朝着这个方向进化，但加里曼丹岛的锥属植物中，还是有一些尚未进化完全（所以武生才会错把它们的果实当成三棱栎的）。

那么，一个壳斗里包含的果实数到底意味着什么呢？

Chapter 02 边吃边想

★⋯⋯⋯加里曼丹岛，基纳巴卢山

一种锥属植物

一幢房子三人住

这里我想补充一点更为标准的描述。柯属和栎属植物虽说都是一个壳斗里有一个果实，但果实的长法不同。有关它们长法的说明十分烦琐，我一开始也没搞明白是怎么回事，所以在这里只做简单介绍。

柯属植物会沿着一条长茎结出很多橡子（而枹栎的短茎上最多只有一两个橡子）。如果仔细观察这种沿着长茎结的橡子，会发现它们的壳斗有时会三三两两地从基部连接在一起（手上没有实物的读者可以参考插图）。

枹栎的一个壳斗里固定会装一个果实，而与之相对，可食柯的一个壳斗里可能会有一到三个果实，只

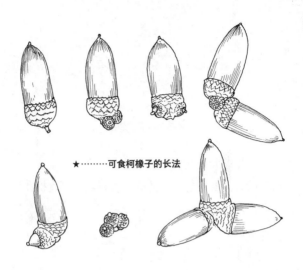

★⋯⋯⋯可食柯橡子的长法

　　不过壳斗在果实与果实之间形成了隔断，所以表面上看每一个果实似乎都拥有单独的壳斗。光这么说可能还是有些难以理解，我来举个例子向大家说明。

　　栗子的一个壳斗（刺球）里有三个果实，我们可以把这种情形想象成一幢房子（壳斗）里住了三个人（果实）。如果是枹栎的话，一幢房子（壳斗）里就只住着一个人（果实）。而对于可食柯来说，建在同一地基上的房子（壳斗）被分隔出了三个房间，三个人（果实）分别住到了三个房间里。

　　也就是说，虽然从表面上看，可食柯也是一个壳斗里有一个果实，但其实这种形态是以和枹栎完全不同的方式进化出来的。不过，哪怕只是"表面上"也

★⋯⋯⋯⋯可食柯雌花的放大图
一个位置上开着三朵花

好，可食柯总归还是在努力朝着"一个壳斗里有一个果实"的方向演变的。因此我们可以说，可食柯和枹栎在进化方向上是相似的。

一个果实里有一颗种子

有一次，我让学生们自由选择自然观察的课题，结果几个女生提出"想要调查种子与果实的关系"。她们打算探究的是一个猕猴桃里到底有多少颗种子。

"哇⋯⋯"

"居然还有！"

最后，她们就这样你一言我一语地说着，把一个小时的课堂时间都用在了从猕猴桃果肉里挖种子并统计个数上。经过如此感人的一番努力，她们终于又解锁了一个冷知识——一个猕猴桃里有571颗种子。

虽然种子的多少也取决于果实的大小，但总的来说，如果种子很小，那么一个果实里通常会装有许多种子。相反，如果种子很大，那么一个果实里就装不下多少种子。橡子的一个果实里就只有一颗种子。考虑到橡子的果实其实是那层徒有虚名的硬壳，我们可以说橡子的种子比果实还要大。

说到这里，我又想起了一件捡橡子时发生的事。

有一年深秋，地上的枹栎橡子都已经长出了根，而我居然捡到了一个长出两条根的橡子！剥开外壳一看，橡子内皮包裹着的果仁分为了两半，每一半上各长出了一条根。也就是说，这个橡子的果实里有两颗种子。

还有一次，我在一棵麻栎树下捡了一大袋（20厘米×30厘米左右）的橡子。学生们在加工食材时把它们剥开以后，发现其中有三个带两颗种子的橡子。

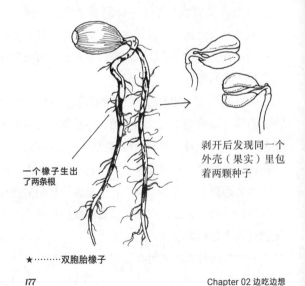

一个橡子生出了两条根

剥开后发现同一个外壳（果实）里包着两颗种子

★⋯⋯双胞胎橡子

这是怎么回事？仔细想想，这会不会是某种返祖现象呢？虽然可能没有猕猴桃那么多，但橡子以前很可能也是一个果实里装着很多种子的。

"一个果实里有一颗种子"是所有壳斗科植物的共通点，但与此同时，"一个壳斗里有几个果实"在不同的壳斗科植物之间存在差异。然而无论是共通点还是不同点，似乎都能追溯到同一个源头。

那个源头正是橡子的秘密所在。

大林姬鼠登场

我对大自然的观察总是很随性，一会儿做做这个，一会儿又做做那个。在捡到那个巨大的橡子之前，我就已经开始关注橡子大小年的问题，并且选定一棵树统计它的橡子了。我观察过象鼻虫，有段时间还沉迷于大林姬鼠。

大林姬鼠是一种生活在野外的老鼠，身长约10厘米，有着一条略短于身长的尾巴。这种茶褐色的老鼠虽然不太引人注目，却是杂树林里的常住民。在饭能市的树林里吃橡子和搬运橡子的，全是大林姬鼠。

大林姬鼠之所以不引人注目，是因为它们是夜行性动物。然而如果仔细观察，还是能在林道旁的土堤上找到很多它们的洞穴。

我一如既往地和老搭档安田一起对大林姬鼠进行

★⋯⋯⋯⋯
大林姬鼠

了观察。

　　要观察大林姬鼠，首先需要在有洞穴的地方寻找合适的观察点，保证观察者既能看清洞穴，又有足够的空间可以静坐等待。由于要在夜间进行观察，还要注意不要吓到普通居民，或是让他们起疑。观察点确定之后，就可以在洞穴周围撒上葵花子，然后耐心等上几天。等到葵花子被大林姬鼠吃得到处都是，准备工作就算正式完成了（为此，那段时间葵花子成了理科研究室的必备物资）。

　　秋天傍晚时分（夏天蚊子太多，不建议做观察），赶在大林姬鼠行动之前在洞穴边找好位置，在地上撒一些葵花子，把罩着红色玻璃纸的手电挂在洞穴附近的树

179

★········观察大林姬鼠

罩了红色
玻璃纸的灯

鼠洞

葵花子
和橡子

枝上，然后等待大林姬鼠出现即可。

大林姬鼠对衣物的摩擦声十分敏感，但只要观察者保持不动，就算离它们只有一两米远也不会影响到它们，完全可以近距离地观察它们进食和贮食的过程。

有一天，各项准备都做好之后，我和安田在他选定的地点做了一个小实验。

它们感兴趣的大小

我们的实验很简单，就是在大林姬鼠的洞边摆一些小碟，里面放上各类树果，观察大林姬鼠会吃哪种。

我们往三个小碟里一共装了40个葵花子、10个锥的果实，可食柯和小叶青冈的橡子各10个，还有3个核桃、3个栗子和2个麻栎橡子。

纹丝不动地等待了一段时间后，大林姬鼠终于警惕地从洞穴里探出了头。它们首先叼起的是麻栎橡子。然而，或许是因为麻栎橡子太圆了不好叼，它们很快便放弃了。最后，它们在30分钟左右的时间里吃掉和搬进洞里的分别是24个葵花子、5个锥的果实和3个栗子，其中只有葵花子是当着我们的面吃下的。

在那之后，我也一个人做过观察。除了到现场实地观察以外，我还试着做了一个用来调查大林姬鼠喜好的小装置。制作这种装置十分简单，只需要在塑料

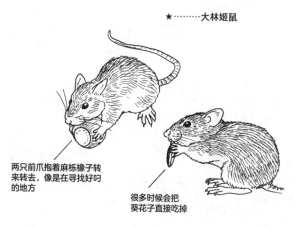

★⋯⋯⋯大林姬鼠

两只前爪抱着麻栎橡子转来转去，像是在寻找好叼的地方

很多时候会把葵花子直接吃掉

容器的侧面开一个供大林姬鼠进出的洞，然后把诱饵放入其中，一段时间过后再回收容器即可。这个点子借鉴自动物学家今泉吉晴。

核桃、可食柯的橡子、葵花子。

我当时在回收盒里放了三种诱饵，最后的结果是：核桃一点也没被动过，可食柯的橡子全都被搬到了盒子外，葵花子则是在盒子里被乱吃了一气。

如果是葵花子大小的食物，大林姬鼠往往会选择立刻吃掉。但如果是橡子大小的食物，它们就不会立刻吃掉，而是把食物搬进洞穴或埋在附近的土里。因为这种食物剥起壳来较为费事，吃一个就要花上很长时间，还是等到安全的时候在安全的地方吃比较好。

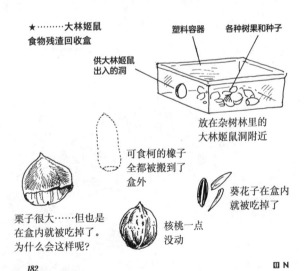

★………大林姬鼠
食物残渣回收盒

塑料容器　　各种树果和种子

供大林姬鼠
出入的洞

放在杂树林里的
大林姬鼠洞附近

可食柯的橡子
全都被搬到了
盒外

栗子很大……但也是
在盒内就被吃掉了。
为什么会这样呢？

核桃一点
没动

葵花子在盒内
就被吃掉了

★⋯⋯⋯核桃

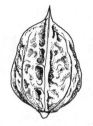

核桃的外壳很硬，只有大林姬鼠、松鼠之类的动物才能咬动，而核桃也要依靠大林姬鼠和松鼠的贮食行为来散布种子

在贮食过程中消耗的能量刚好能够通过吃掉这些食物得到补充。

回顾了大林姬鼠的观察记录以后，我发现只有大到一定程度的橡子才会诱发大林姬鼠的贮食行为。

解开橡子之谜的钥匙

壳斗科植物的一个果实里只有一颗种子，或许就是因为这样长出来的种子大小刚好能够诱发大林姬鼠的贮食行为。

目前最古老的壳斗科植物化石发现于北美，年代可以追溯到9500万到6500万年前的白垩纪。有趣的是，在远古时期的壳斗科植物中，有一种名叫"法高

★·········大林姬鼠吃过的核桃

最高效的吃法是在外壳接缝的两侧咬开洞，吃掉里面的核桃仁

有时也能看到带三个洞的核桃壳，这种吃法相对笨拙

普希斯"[6]的植物是通过风来散布种子的，只不过后来不幸灭绝。因此，"靠动物来散布种子"一开始并非所有壳斗科植物的共同特征，只是这种特征被保留到了最后而已。

此外，壳斗科植物一个壳斗里的果实数量逐渐减少，应该也是为了能让这个果实长得更大一些。

世界上总共有900种壳斗科植物，其中栎属约450种，柯属约300种，锥属约100种，水青冈属约10种，栗属约10种，三棱栎属约3种，金鳞栗属约2种。这么看来，我所定义的橡子——栎属和柯属植

6　*Fagopsis* 的音译。（编注）

★⋯⋯松鼠吃过的核桃

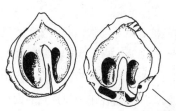

松鼠会把核桃沿着缝线分成两半，再吃里面的核桃仁

物的果实——一共约有750种，在壳斗科植物中占绝大多数。对于物种的繁衍来说，结橡子是一种极具智慧的方式，栎属和柯属植物能够结出相似的果实绝非偶然。

之前，我的学生们曾经问过"榛子和核桃算不算橡子"。如果从定义上看，答案当然是否定的。不过，这两者也是利用动物的贮食行为来散布种子的，因此可以说是沿着与橡子同样的路线进化来的。如果去问大林姬鼠，它们可能会回答："它们都一样！"（所以学生们的视角是老鼠视角？）

是的，能解开橡子之谜的钥匙就藏在动物手里，尤其是鼠类动物。巨型橡子为什么如此巨大？橡子究竟为什么能成为橡子？这些都与动物有关。

另一件怪事

为了让自己能被老鼠等动物贮藏，橡子才进化成了今天的样子（这层关系是相互的，也可以说是动物为了能够顺利贮食，促使橡子进化成了今天的样子）。然而，这个说法仔细想来也有漏洞，问题就在于前面提到的大小年现象。虽说这种现象是植物为了抵御害虫进化出来的，但势必也会对协助散布橡子的老鼠造成影响。

在有关水青冈大小年现象的调查中，随着水青冈大小年的交替出现，同一地区鼠类的数量也在一段时间过后出现相应的增减。

此外还有一点很奇怪，那就是涩味。如果植物希望自己的橡子被动物吃掉，那么，它为什么要用涩味

★┈┈┈虫瘿

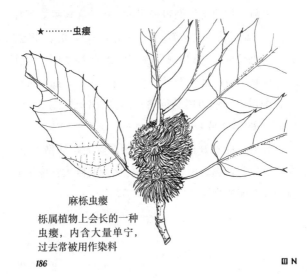

麻栎虫瘿

栎属植物上会长的一种
虫瘿，内含大量单宁，
过去常被用作染料

来武装自己呢? 难道人类的味觉和老鼠不同, 涩味对老鼠根本就没有影响?

关于这一点, 森广的报告里有一段有趣的记载。蒙古栎的橡子的涩味比枹栎的橡子要重, 所以被动物吃过的痕迹更少。即便树林中只有很少的枹栎橡子掉落, 被吃得更多的依然是枹栎橡子。

那么, 不同植物的橡子之间涩味究竟相差多少呢? 我找到了一份关于涩味的成分——单宁含量的资料〔《树木的果实》("万物与人类的文化史"系列第47本)松山利夫, 法政大学出版社〕。

蒙古栎	6.7%(单宁含量)
枹栎	4.8%
小叶青冈	4.5%
青冈	4.4%
麻栎	1.3%
赤皮青冈	1.2%
可食柯	0.5%

如此看来, 蒙古栎橡子的涩味果然格外地重。

另一种角度的"个例"

那是我刚开始给学生们吃橡子的时候发生的事。

当时我们第一次吃麻栎的橡子，首先把剥壳后的橡子放进烧杯里煮（当时还没配备煮橡子专用的锅），然后用了一整节课的时间反复替换被涩液染成褐色的水，但最后煮出来的橡子依然很涩。吃了用涩味没除干净的麻栎橡子做出来的饼干之后，学生们给出的评价是"有股胃药味""有点像刚刷完牙后吃东西的味道"等。

这也就意味着，人类不除涩就能生吃的橡子只有单宁含量在1%以下的可食柯橡子。老鼠虽然可以生吃蒙古栎的橡子（要是老鼠也会先除涩再吃橡子那才叫可怕呢），但它们似乎也能感受出单宁含量差距的存在，相比于蒙古栎还是更爱吃枹栎的橡子。

一开始，我为可食柯的橡子没有涩味感到惊奇。直到某个瞬间，我才突然意识到自己想反了。如果关注点仅限于橡子，那么确实只有不涩的可食柯橡子可以被人类生吃。但如果把讨论范围扩展到所有的壳斗科植物，就不难看出枹栎和蒙古栎等植物才是"个例"。

锥的果实的单宁含量是0.1%，当然也可以生吃，应该有很多人都已经吃过了吧？水青冈的果实和栗子也是可以直接吃的。

如此看来，单宁含量较高的就只有栎属植物的橡子。

那么，单宁的存在有什么意义呢？又一次翻出书籍的我找到了这样一段说明：单宁虽然本身没有毒

★⋯⋯⋯麻栎橡子中的虫子

麻栎的内皮内
侧长着硬硬的
虫瘿

里面装着白色的幼虫

×3

产卵痕迹　　　象鼻虫的　　　钻出后留下的
　　　　　　　同类幼虫　　　虫眼

落在麻栎树下的
被老鼠咬过的橡子

老鼠吃过的
可食柯橡子

猴子吃过的
可食柯橡子

性，但会妨碍消化，吃得越多效果越明显。

矛盾中的平衡

橡子是一种矛盾的存在。

为了散布种子，它们需要被动物当作食物。但它们又不想让动物立刻吃掉自己，而是希望动物把自己贮藏起来，最后再忘记吃掉几个。它们想要被吃，但是又不想全都被吃。

涩味，就是栎属植物用来处理这种矛盾的方法。通过含有较多的单宁，让把橡子一次性全都吃掉的动物消化不良——这会不会是它们的精心安排呢？

然而单宁也不能过量，如果太多，动物们可能会对橡子嗤之以鼻。同样是结橡子，沿另一条路线进化过来的可食柯就没有选择用这种方法来处理矛盾。可食柯选择的方法是让外壳增厚，这样不仅可以抵御害

★·········白颊鼯鼠吃过的麻栎橡子

尚未成熟

白颊鼯鼠不会帮助橡子散布种子，是一种"只吃不做"的动物

虫，还可以为老鼠多少增加一些吃掉自己的难度。

还有一个方法就是大小年。大小年现象不仅会影响昆虫，也会影响到老鼠。植物会通过制造小年来控制老鼠的个体数量，使得橡子在大年里能够多存活一些。如果不长虫子的可食柯也有（像小叶青冈那样不太明显的）大小年的话，其目的或许就是调控老鼠的数量。

生物在大自然中生活，不可能方方面面都完美无缺，但它们会直面各种各样的矛盾，接受它们的存在，并从中找到一种平衡生存下去。在探索橡子的过程中，我又对这一点有了更深的感触。

我去捡可食柯的橡子，最初只是因为这种橡子是我最有把握能够捡到的。然而在不知不觉间，可食柯橡子已经把所有结橡子的植物共通的生存之道和各不相同的生存秘籍都告诉了我。我从捡到巨大的橡子"出发"，最后又"回到"了可食柯上来。或许可以说，可食柯是我某种意义上的"心灵故乡"。

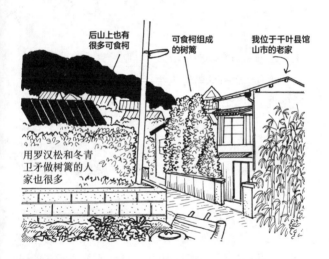

后山上也有很多可食柯

可食柯组成的树篱

我位于千叶县馆山市的老家

用罗汉松和冬青卫矛做树篱的人家也很多

Chapter 03
最后变成了这样

向西表岛进发

由于经费不足，我们学校在设备方面很是匮乏。建校之初，理科研究室里唯一的设备就是显微镜。我们花了很长时间，才把它变成现在这个排列着动物骨骼和标本罐子的恐怖房间——绝对会在校园怪谈里出现的那种。经费不足只是一方面，我教具匮乏的另一个原因是，我想用的东西很可能根本就买不到。

我很想在生物课上向学生展示大自然的真实面貌，希望他们能够通过自己的眼睛发现自然之美。但由于不能在课堂上带学生外出，我只能尽可能地把自然中的东西带进教室。

在西表岛树林里的我

胡子君

于是，捡东西就成了我的迫切需要。

每次放长假，我都会到各地去捡东西，最常去的地方就是冲绳的西表岛。

来西表岛观光的游客比我想象的要多。不过，大多数游客都选择住在相邻的石垣岛上，在西表岛乘坐大巴来个一日游，把各个景点都转一遍后当晚返回。而我就住在西表岛上，一连好些天都在海边闲逛。

我第一次捡到"那玩意儿"就是在西表岛的海边。当时它似乎已经在水里泡了很久，颜色黢黑，外壳也已经碎裂了。但它的大小还是让我十分震惊，甚至怀疑自己是不是搞错了。

那是我与日本最大的橡子——冲绳白背栎橡子的

★⋯⋯⋯漂到海岸上的种子和果实（西表岛）

冲绳白背栎

海杧果

红厚壳

油麻藤属的豆子

榄仁

第一次相遇。

虽说这个橡子与我后来捡到的世界最大等级的橡子还是有很大差距，但能在日本捡到直径2.5厘米（最大与最小直径基本等长）、重达10克的橡子也已经很不容易了。

当时我完全没有想到，这个在西表岛上捡到的橡子会改变我的整个人生。

捡日本最大的橡子

"这种橡子可不是那么好捡的！"

西表岛的树林里，胡子君对徘徊在冲绳白背栎树下的我说。

★·········胡子君送我的冲绳白背栎橡子

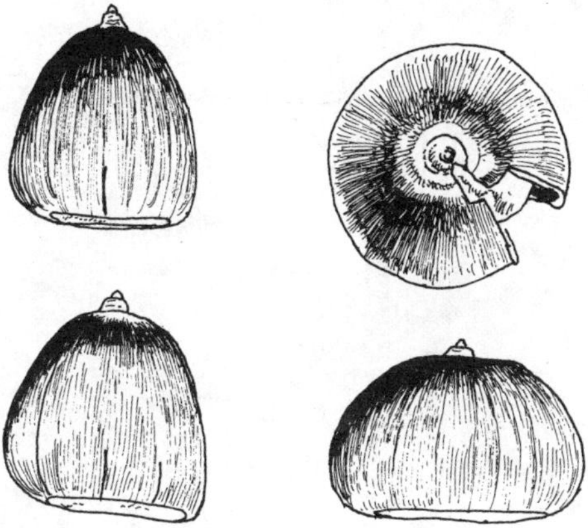

★⋯⋯⋯**冲绳白背栎**

西表岛产

胡子君在西表岛生活了二十多年，主要从事西表山猫的摄影、保护与调查。他最近还开设了一个"自然培训班"，致力于让游客们对西表岛的自然有更深入的了解。我也有幸获得了一天入学体验的机会，加入了他的自然培训之旅。

我的第一个日本最大的橡子——冲绳白背栎橡子是在海滩上捡到的。它被河流从山上带入大海，又被海浪冲上了岸。在那之后，虽然我偶尔又捡到过几次（有时捡到的只有巨大的壳斗），但橡子的颜色和形状都已经走了样。作为一个橡子爱好者，我一直想在冲绳白背栎的树下尽情捡拾外观完好的橡子，只可惜这个愿望至今都没能实现。正如胡子君所说，那天连一个橡子都没落下来（出于对我的怜悯，胡子君后来送了我三个在树下捡到的橡子，说是对我的"特别馈赠"）。

我在树下没捡到橡子，主要是因为橡子大多在秋天落下，而我因为学校事务无法在那时来西表岛。除此之外，胡子君还说这里的野猪喜欢吃橡子，所以橡子并不好捡到。

谈话间，我注意到了一件很神奇的事。

"西表岛上的哺乳动物就只有山猫、野猪和蝙蝠。"胡子君说。

起初我只是顺耳一听，但后来突然发现不太对劲。西表岛上没有老鼠（指没有本土的野生老鼠，不包括被人带上岛的）！野猪虽然也吃橡子，但不可能搬运橡子。

橡子是通过与动物团结协作生存下来的，冲绳白背栎的橡子却没有搬运者。

这到底是怎么回事？

分布在南方岛屿

橡子需要借助老鼠、松鸦等动物的力量来散布自己。正因如此，它们才会长成今天被我们称为"橡子"的这种形状。巨型橡子之所以巨大，是因为那样更有利于被豪猪搬运。冲绳白背栎橡子既然是日本最大的橡子，按理说应该有对应的搬运者才对。

冲绳白背栎并非西表岛特有的植物，而是整片琉球群岛上的固有种。

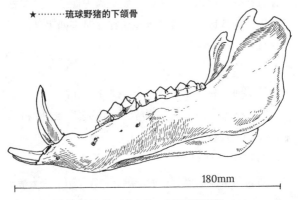

★⋯⋯⋯琉球野猪的下颌骨

180mm

在西表岛的一家民宿得到的

一位名叫山下的植物摄影师曾经去过奄美大岛。他是个敢在有蝮蛇出没的山间独自行走的勇士，外表却平平无奇（抱歉），性格沉稳安静。"盛口，你喜欢橡子吧？"有一次，山下在问过我这个问题之后，带我去了奄美大岛的冲绳白背栎森林。

"哇，原来奄美大岛也有啊！"

当时我只是单纯地感到惊讶（然而这次也没捡到完好的橡子）。

后来，当我联想到搬运者的问题，便觉得事情越发不可思议。

除了西表岛以外，冲绳白背栎在冲绳岛（据说过去的首里城就是以冲绳白背栎为建筑材料的）、石垣岛、久米

★·········奄美
大岛上的森林

岛、奄美大岛、德之岛、冲永良部岛等各岛上都有分布。

明明没有搬运者，冲绳白背栎橡子的分布范围却如此之广。

橡子很难跨越海洋。就算是老鼠、松鸦等动物也无法长距离地搬运橡子，更别说是在隔海相望的岛屿之间了。那么，冲绳白背栎究竟是如何分布到各个岛屿上的呢？

很久以前的事

根据冲绳白背栎的分布情况，我们可以推断出琉球群岛曾经是连在一起的。

而且，这些岛屿过去和大陆也是连在一起的。现在岛上的很多生物都是在那个时代从大陆迁徙过来的，西表山猫就是最具代表性的动物之一。冲绳白背栎的祖先应该也是在那个时期来到这里的，后来才进化成了琉球群岛的固有种，在从八重山到奄美这片当时还相连的陆地上扩散开来。在那之后，各岛屿才被海洋分隔开，因此每个岛上都留下了一些冲绳白背栎。

一想到有这样一段历史，我就对橡子的搬运者越发好奇起来。

如果说琉球群岛曾经连在一起，那么冲绳白背栎橡子的搬运者似乎也可以从西表岛之外去找。

这让我想到了一种动物。

那就是生活在冲绳岛、奄美大岛和德之岛上的琉球长毛鼠。这三座岛上也都生长着冲绳白背栎。琉球长毛鼠身长二三十厘米（尾巴也差不多这么长），这种大体形的老鼠不正适合搬运日本最大的橡子吗？甚至有可能，冲绳白背栎就是为了配合这种老鼠的体形，才让自己的橡子长那么大的！

我怀着激动的心情翻阅资料，却遗憾地发现琉球长毛鼠的生活习性目前还不明确，唯一查到的就是它们会吃昆虫和锥的果实。难道琉球长毛鼠不吃冲绳白背栎的橡子吗？

★⋯⋯⋯西表山猫

橡子咕噜咕噜……掉进河里

　　冲绳岛与西表岛之间隔着宫古岛。宫古岛地势平坦，整座岛都被开垦成了甘蔗田。那里既没有琉球长毛鼠也没有冲绳白背椋，想观察生物的人大概没什么兴致前往。然而从岛上出土的化石来看，以前琉球群岛相连时，那里曾经生活着各种各样的动物，琉球长毛鼠也是其中之一。

　　原来琉球长毛鼠以前的生活范围更加广阔。得知此事以后，我对它们与冲绳白背椋之间的关系产生了怀疑。

　　为什么至今保留着原始森林，有着繁茂的锥和白

★………琉球长毛鼠

背桥的西表岛上没有琉球长毛鼠呢？这难道与西表山猫的存在有关？

宫古岛出土的化石中也有山猫的化石。这就说明，曾经有一段时期，山猫和琉球长毛鼠是共同生活在那里的。然而在各个岛屿分裂开以后，两者就很难在有限的范围内继续共存了。

以上都只是我的推测。客观地说，冲绳白背桥橡子的搬运者依然是个谜。

在没有搬运者的西表岛，冲绳白背桥会走向灭绝吗？我完全不这么觉得。这时我又想起了胡子君的一番话："有一次我在河边，忽然听见一阵'扑通扑通'的声音，一开始不知道是怎么回事。后来我找了找才发现，那是冲绳白背桥的橡子落进河里的声音。那种橡子很大对吧？所以落水时发出来的不是'啪嗒'一声而是'扑通'一声。弄明白这事之后我可高兴了。"

★⋯⋯⋯鹿的化石

在宫古群岛中的伊良部岛捡到的鹿角根部化石

胡子君的这段经历里是否隐藏着什么线索？对，说不定，冲绳白背栎就是利用河流来散布橡子的！

阿烟去找胡子君玩的时候，捡到了一个还挂在树枝上的冲绳白背栎橡子，我看到后羡慕不已。"你在哪儿捡到的？"我一问才知道，那个橡子居然是阿烟划着船逆流而上时在河岸发现的。仔细想想，河流沿岸确实生长着许多冲绳白背栎。

当然，冲绳白背栎的橡子也绝没进化出让自己漂浮在水面上的能力。所有落水的橡子中，想必只有极少数能被顺利冲上河岸。即便如此，在冲绳的自然山林里还是有许多冲绳白背栎生长在山谷间，这或许真的与河流有关。

冲绳白背栎

湿地

★……西表岛

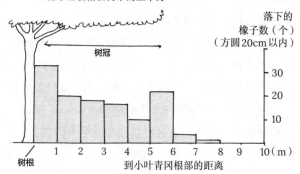

★·········小叶青冈橡子的掉落方式

——橡子会掉落在树下多大的范围内呢？——
由数据可知，在地面为水平的情况下，几乎所有的
橡子都会落在树木的正下方

树冠

落下的
橡子数（个）
（方圆20cm以内）

树根

到小叶青冈根部的距离

　　我们似乎可以断定，冲绳白背栎现在已经不再借
助动物之力，而是利用橡子会"咕噜咕噜"滚动的特
性来繁衍的。只是万一没有滚到河里，而是掉进池
塘，那可就不好办了……

"心灵故乡"可食柯

　　说到橡子的分布，哪怕是近在身边的可食柯中也
存在许多谜团。虽说只要有老鼠在，可食柯的橡子就
可以得到搬运，但可食柯分布之谜的关键不在于动
物，而在于它与人类的关系。
　　在我的故乡南房总市，可食柯林随处可见，林中

除了可食柯外别无其他。这种常绿乔木的树林里光线昏暗，杂草稀少，让儿时的我感到有些恐怖。所以，别看我现在一有空就去树林里转悠，小时候其实没怎么进过树林，海边倒是经常去的。

然而无论如何，对于小时候的我来说，可食柯都是一种理所当然的存在，因为它总是围绕在我的身边。我经常攀爬可食柯围成的树篱，用可食柯的落叶烤过红薯（落叶燃烧时会发出噼里啪啦的声音），还抓过被可食柯的树液吸引过来的独角仙和锹甲（所以说它是我的"心灵故乡"）。

不过话说回来，为什么我的身边会有这么多的可食柯呢？小时候我从没思考过这一点。

★………全世界的橡子③

美国的橡子

父亲捡来的

208

在饭能市，可食柯只能在公园里面见到。然而在南房总市，山上却有成片的可食柯树林。这种差异是怎么产生的？

　　可食柯是常绿乔木，其树林属于照叶林。那么是不是说，这种树就像饭能市的小叶青冈和青冈一样，是从遥远的绳文时代一直繁衍至今的？

　　然而我忘了在什么时候看到过一本书，里面写道"可食柯并非千叶县土生土长的物种"，我当时感到十分惊讶。

　　可食柯虽说是常绿乔木，却和枹栎、麻栎等杂树林里的落叶乔木一样，常被用作生火的木材。另外在南房总市，可食柯直到昭和初期一直被用于紫菜养殖(把树枝捆成一束，让紫菜附着在上面，后来一般改用网帘)。因

★………麻栎的花蕾

去年开的花
麻栎每两年结
一次橡子

杂树林里的麻栎会在春天到来时开花

此，靠近海岸的矮山上才会有那么多可食柯——南房总市的可食柯树林是人工种植的。

那么，可食柯到底是在什么时候，又是从什么地方被带到这片土地上来的？

名字的由来

南房总市的可食柯是从哪里来的？

我小时候也会管可食柯叫"头子"。关于这个说法，精通千叶县方言的川名兴把它解释为"比一般尺寸要大（'头'）的果实（'子'）"。也有人认为这个发音源于"唐锥"（从其他地方传来的锥）。

让我们再来看看"可食柯"这个名字的来历。

"它的果实和锥的果实一样可以食用，却并不好吃。如果再等一段时间，大概就能变得像锥的果实一样好吃了吧……'等一等就会变成锥'也就是可食柯。[1]"

小时候我也从父亲那听到过这种说法，但这大概是后来的人们为了凑谐音强行编出来的。我从图鉴中得知，可食柯的原产地是九州，而九州恰好有一种形似可食柯叶片尖端的刀具名叫"马刀"。可食柯，也

---

1   "等一等就会"的日语为发音为 mateba（まてば），"锥"的
     日语发音为 shii（シイ），连起来正好是"可食柯"的日语发
     音 matebashii（マテバシイ）。

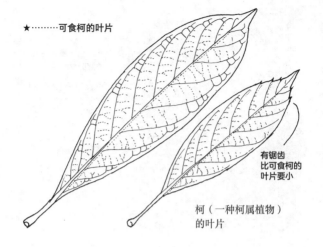

★‥‥‥‥‥可食柯的叶片

有锯齿
比可食柯的
叶片要小

柯（一种柯属植物）
的叶片

就是"马刀叶锥"[2]。

我之前去过几次位于九州海上的屋久岛。对可食柯产生兴趣以后，我又有机会再次前往，有幸见识到了土生土长的可食柯是什么样子。

屋久岛西部的林道两旁仍然残留着未经人类砍伐的天然常绿阔叶林，其中也不乏可食柯的身影。只不过，这些可食柯并没有长得很高很大，而是与其他树木混杂在一起，分散在各处。树木下方，被猴子啃咬过的橡子壳落了一地。

这才是可食柯原本的样子。

2　"马刀"的日语发音为mate（まて），"叶"的日语发音为ba（ば），"锥"的日语发音为shii（シイ），连起来后也是"可食柯"的日语发音matebashii（マテバシイ）。

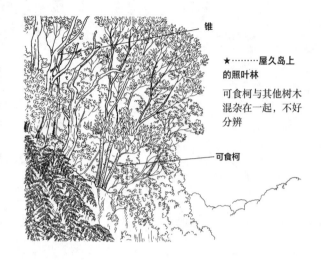

锥

★⋯⋯⋯屋久岛上
的照叶林

可食柯与其他树木
混杂在一起，不好
分辨

可食柯

虽说都是可食柯，但由于地域环境和地域历史不同，生长在天然树林、乡野山间和城市公园里的可食柯长得不尽相同，可以说是发育成了三种变体。

然而，对于把南房总市视为故乡的我来说，虽然各地的可食柯都会让我心生怀念，但天然树林和城市公园里的可食柯还是让我觉得不够亲切。

为了吃

可食柯在南房总市得到大量种植，应该是在它被用于生火和紫菜养殖以后的事了。然而，关于这种树最早是什么时候从九州被带到这里来的，目前还没有

★·········橡子比大小①

掉落在一棵枹栎树下的橡子。同一棵树结出来的橡子也有大有小

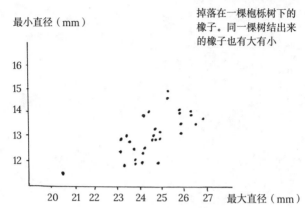

最小直径（mm）

定论。根据书中记载，千叶县的绳文时代遗址中有可食柯的橡子。前川文夫的《日本人与植物》(岩波新书)中还提到，遗址中出土的橡子上还带着孩子的牙印。

如此看来，最早把可食柯带入千叶县的很可能是绳文人，目的就是吃它们的橡子。

日本暖流会流经南房总市濒临的海域，纪伊半岛和四国岛上也有很多与南房总市相通的地名（纪伊半岛也有"胜浦"和"白滨"这两个地名，四国岛的地名"阿波"又与千叶县的"安房"同音）。因此，这里大概自古就与南方交流密切。

让我们再来看看同为壳斗科植物的栗。很显然，在食用方面，绳文人对栗的关注度比对可食柯高得多。绳文时代早期遗址中的栗子尺寸和野生栗子差不

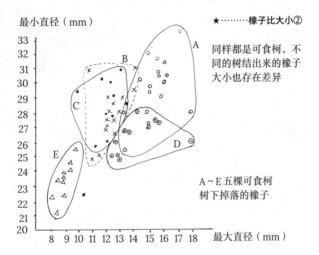

最小直径（mm）

★⋯⋯⋯橡子比大小②

同样都是可食柯，不同的树结出来的橡子大小也存在差异

A～E五棵可食柯树下掉落的橡子

最大直径（mm）

多，但到了绳文前期和中期，遗址中的栗子开始变大，绳文后期、晚期时的栗子已经和现代人工栽培的栗子差不多大了。此外，青森县知名的三内丸山遗址的土壤中，也频繁出土过栗树的花粉（引自《绳文文明的发现：神奇的三内丸山遗址》PHP研究所）。

其实就算是可食柯，不同的树上结出来的橡子大小也有很大差别（参见上页中的图）。如果让橡子大的可食柯相互交配，也许就能培育出符合"人工栽培"水准的巨型橡子。

绳文人就是用这种方法培育出能结大果的栗树的，但遗憾的是，他们似乎对巨大的可食柯橡子并没有那么大的执念（或许也有培育难度大的原因——可食柯从栽

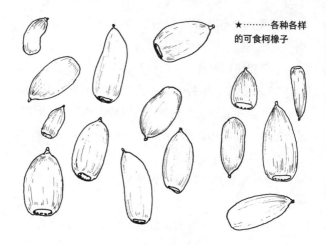

★⋯⋯⋯各种各样
的可食柯橡子

种到结果需要很长时间）。

无论如何，橡子和人类的联系最早是从吃开始
的。而现在，我也在给我的学生们吃橡子。

现在的17岁女生

班上的学生理惠对我说：

"我还没见过野生的独角仙。"

要和现在的中学生交流，就不能对这种事大惊小
怪。但不得不说，时代果然还是变化得太快了。

"超市里不是有卖独角仙的吗？我还以为如果没
有人养，那种虫子就活不了呢。你看它们头上长角，
又黑又亮，别的地方根本就找不到嘛。有一次我看

见超市里的工作人员'唰唰'地打磨它们才恍然大悟——怪不得它们都黑亮黑亮的！"

我听得哑口无言。

"我毕竟有17年的生活经验，当然听说过有人在树林里捉到过独角仙。但我一直以为，那些独角仙是被人故意放到树林里的，就像是野狗什么的一样。"

这……我心中五味杂陈。

"独角仙是夏天特有的虫子，这个我也是最近才知道。

"既然在超市里有卖，按理说应该一年四季都可以卖嘛。就像是黄瓜、西红柿，只有我奶奶那种人才会觉得在冬天吃很奇怪。"

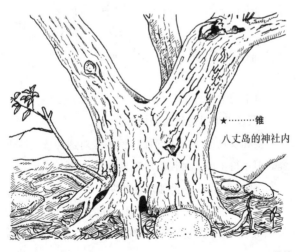

★……锥

八丈岛的神社内

有道理。虽说不知道独角仙是野生昆虫的可能只有理惠一个，但就连我也会在冬天理所当然地啃西红柿。

略超预期之事

不同的人对大自然的体验也各不相同，生活在现代都市里的孩子们相关体验较少，这种事也情有可原。

我给他们吃橡子，就是想通过这种方式让他们更快地认识自然。

"这是什么虫子？"

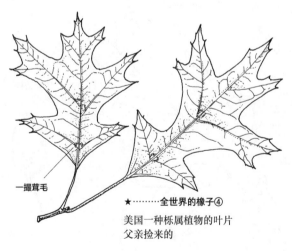

一撮茸毛

★⋯⋯⋯全世界的橡子④
美国一种栎属植物的叶片
父亲捡来的

217   Chapter 03 最后变成了这样

剥开枹栎橡子的外壳后，如果里面有虫子爬出，大家就会叽叽喳喳地聊起来。

"我吃过锥的果实。"

"对，幼儿园里确实有锥树。"

"我爱吃糖炒栗子，小时候我家附近的神社里就有一家卖糖炒栗子的店。我以为自己捡的橡子（大概率是麻栎的橡子）放进那个机器也能变成糖炒栗子，就偷偷放了一个进去，结果你们猜怎么着……"

大家交流起了各自的亲身经历。

在枹栎小年的时候，我曾经把青冈和小叶青冈的橡子带进过教室。

"好难吃！"

★………**全世界的橡子⑤**

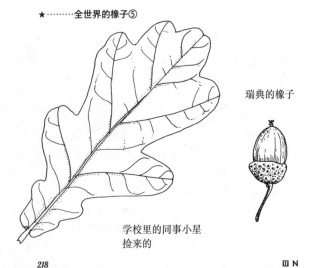

瑞典的橡子

学校里的同事小星
捡来的

"咬下去十秒之后涩味就会反上来。"

像往常一样，学生们首先确认了橡子的涩味，然后就轮到了"如何烹饪"的问题。

"放糖不就好了？"

"放糖是除不掉涩味的。"

"那就硬吃。"

"？！"

"那……做成咖啡怎么样？"

居然说到了咖啡！这个我是真没想到。我暂且把刚才介绍过的水煮除涩法告诉了学生。然而小庄他们听了之后，还是直接把磨成粉的生橡子放到锅里干炒起来。

"干炒去不掉涩味，要加水才能煮出涩汁，相信我。"

我向他们提出忠告。

"知道了，我们会用热水冲开喝的。"

他们还是不肯屈服。

"嗯……很好喝嘛这个！"

试喝之后，小庄居然做出了这样的评价。橡子咖啡的味道确实不算太差。

"怎么感觉还有点甜？"

"是淀粉的甜味吧。"

结果出乎我的意料。然而，我还是坚持认为仅靠干炒不能去除橡子的涩味。小庄做出来的橡子咖啡不涩，或许是因为冲咖啡时用的热水较少，大部分的单宁还没有溶解。

这种略超预期之事偶尔还是有的。

吃与让别人吃

观察大自然总是需要点动机的。于我而言，这种动机就是"捡东西的欲望"。而对于普通大众来说，"吃"想必是个不错的动机。

"今天我们要捡橡子，然后下周把它们吃掉！"

听我这么一说，即使是高中生也会拿出小时候那股冲劲儿，即刻动身去采集橡子。亲自捡橡子的时

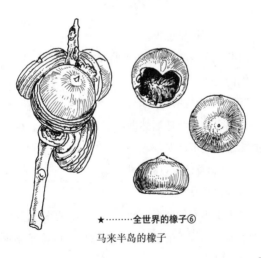

★·········**全世界的橡子⑥**
马来半岛的橡子

候,他们才第一次注意到学校里长着枹栎、小叶青冈、麻栎等各种会结橡子的树木。我也是在捡橡子的过程中,逐渐了解到每种橡子最容易在哪里捡到,并在脑海中将饭能地区的橡子地图绘制成形的。

归根结底,人类之所以会与自然产生联系,就是出于一种想知道"什么时候在什么地方能吃到什么"的心理。因此我认为,"吃橡子"应该算作一门正式的理科课程。

除了吃橡子以外,我还会把吃狗尾草、"毒芋头"天南星、"大豆的祖先"野大豆等活动融入课堂。在我的课堂上,这些食物的地位与橡子同样重要,都能够帮助学生了解饭能的自然。

讲到热带雨林的时候,我就想让学生们尝尝无花

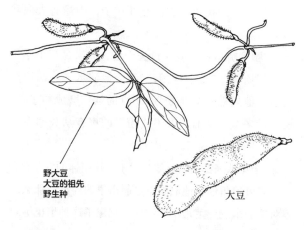

野大豆
大豆的祖先
野生种

大豆

Chapter 03 最后变成了这样

果干和榴梿的味道。要了解热带雨林，这些水果会成为绝佳的教材。

"螳蜥先生，你吃过的最难吃的东西是什么？"

已经毕业的百平同学在聊天时问了我这个问题。

"嗯……应该是那次让大家用买来的鲨鱼肉做的鱼糕。因为是全凭摸索做的，肉里的氨臭味没有除掉，难吃到让人想吐。"

百平会这么问，大概是以为我这个人什么都吃。然而事实是，我不是什么都吃，而是什么都想让别人吃。

上个时代的事

"螳蜥先生，这个完全磨不成粉啊。"

有一次，我让学生们烹饪橡子，中途有人向我求助。

"哪个哪个？"我凑过去一看，原来是那个学生不会用研钵。"要这样用。"我给他演示了一遍用法之后，他居然由衷地赞叹："真的欸！磨成粉了！"过了没多久，又有"磨不成粉"的声音从我的身后传来。

"毕竟从来都没用过嘛！"不会用研钵的女生说。

如果独角仙在他们眼里是超市里的商品，那么研钵对他们来说一定是不明物体，吃橡子这种事也绝对

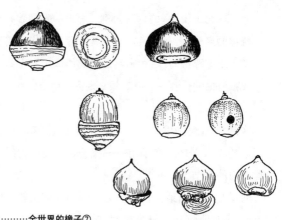

★·········全世界的橡子⑦

马来半岛的橡子

没做过。在教室里吃橡子——这就是现代人与橡子的关系。

那么，在过去，人与橡子又有着怎样的关系呢？

"远知的老家那边以前就吃橡子吗？"

"没听说过，倒是听说过以前有人会挖蕨菜根吃。"

远知出生在岩手县的山村，比我要年长10岁。问过后我才得知，她虽然没吃过橡子，却也对"西塔密"这个说法略有耳闻。

以北上山地[3]的村落为例，那里的人们管栎属植物的果实叫"西塔密"，把其除涩后磨成的粉称作"西塔密粉"。昭和十年，村民们每天六七顿以杂粮为主的伙食中，有三顿必定会吃西塔密粉。

这是松山利夫发表在《阿尼玛》杂志1986年10月刊中的文章《怀恋橡子山——橡子是山民们曾经的主食》中的一节。

据说在北上山地，村民们为了制作西塔密粉，每家每户至少种两到三棵会结橡子的树。西塔密粉的原料是枹栎和蒙古栎的橡子，其中枹栎的橡子最受欢迎。

由于绳文时代太过遥远，就让我们先从西塔密粉的制作出发，探寻一下上个时代的人与橡子之间的关系吧。

当时的日常餐食

秋天，人们会先把捡到的橡子泡在水里杀虫，然后再放到地炉上烤干储存，以备不时之需。

根据松山的文章，西塔密粉的制作方法可以总结为如下几步。

3　日本本州北部的山地。

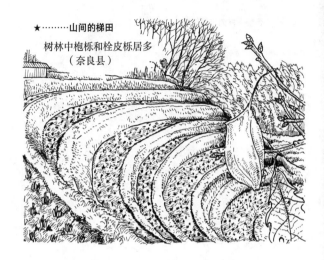

★⋯⋯⋯⋯山间的梯田
树林中枹栎和栓皮栎居多
（奈良县）

①敲碎干燥橡子的外壳，这时壳内的果仁应该也已经碎成了几小块。接着把壳彻底剥掉。

②将碎成小块的橡子放在水中泡软，准备上锅炖煮。

③在锅中央放置一个环形的竹篦子，周围放满橡子碎块，开火煮制。褐色的涩液会透过竹篦子的缝隙流到锅中央，待积累到一定量时舀出弃掉。煮制时还要往锅里加入草木灰，如果水不够了就再加点水，不断舀出涩液。

④煮好的橡子碎块会被涩液染得乌黑发亮，这就是西塔密粉。

⑤刚出锅的西塔密粉可以撒上黄豆面直接吃，

也可以在烘干后储存起来，每次吃之前加入热水，将其泡软成糊状后食用。

松山指出，在地炉上烘干后储存起来的橡子可以保存五到十年之久。按照上述步骤加工出来的西塔密粉，即便是在夏天也会被端上餐桌。原来在当时，橡子并不只会出现在秋天的餐桌上，而是一种日常餐食。

我在前面提到过，为了让有涩味的枹栎橡子变得能吃，我和学生们做了很多次尝试。当时我主要参考的，就是东北地区的山民制作西塔密粉的方法。

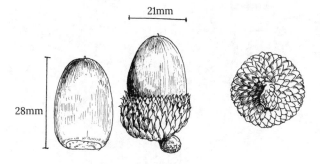

21mm

28mm

饭能市的稀有橡子，由人工栽培，
或许是外国的品种？

味道像铅笔

"黑乎乎的，有点像味噌面包。"

"好涩！还有股铅笔味。"

"没错没错，就是铅笔味，真的有！"

这段对话发生在我第一次让学生们挑战做西塔密粉的那一年。当时我用冰箱代替了储存橡子用的地炉烤架，还用煤气灶代替了地炉。然而让我犯愁的是，我没有除涩时要放进锅里的草木灰。或许可以用焚化炉里的炉灰？这个念头从我的脑海中一闪而过（当时二噁英问题还没有引起社会关注），但终究还是没被采用。最后，我选择用小苏打试一试。

往锅中加入小苏打，又换过几次水后，我们把已

← 冬芽被吃掉了

← 被咬断了

小叶青冈的冬
芽被白颊鼯鼠
吃掉后

经去掉外壳和内皮的枹栎橡子碎块捞出，便得到了仿制版的西塔密粉。接着，我们把橡子碎块磨成了更细一些的粉，试着用它做了饼干。然而正如学生评价的那样，饼干的味道并不理想。我们一开始以为，这是因为我们用小苏打代替了草木灰。

但我们想错了。

除了西塔密粉以外，东北地区的山民还会用橡子制作一种名叫"西塔密年糕"的食物。制作时只需要把生橡子直接磨成粉，然后用布包起来放进装满水的容器里揉搓，使橡子中的淀粉析出沉淀在水底，最后把得到的淀粉制成年糕状即可。其实这就是我们制作橡子豆腐时参照的原型。虽然西塔密粉制作失败，但我们依然顺利做出了橡子豆腐。

如果用水淘洗就能去除涩味，那么也就是说，即使不把去掉内皮后的生橡子粉包在布里，直接用水淘洗也可以达到效果——这个实验我在前面已经提到过了。所以，除涩并不是非得用草木灰。

"单宁是水溶性物质，因此除涩时加入的草木灰其实是不必要的。"

渡边诚的《绳文时代的知识》(东京美术出版社) 中也有类似的记载，我看到后惊讶不已。

既然如此，人们为什么还要在制作西塔密粉时加入草木灰呢？

各种各样的除涩法

"是因为受到了娑罗子[4]除涩法的影响。"渡边在书中指出。

每到秋天，日本七叶树都会落下大大的种子（娑罗子与橡子一样，都需要依靠动物来散布自己，但日本七叶树属于无患子科植物，因此娑罗子不能算作橡子），同属的植物还有欧洲七叶树。这些树的种子也不能直接生吃，但与橡子不同的是，它们的涩味不光来自单宁，还来自不溶于水的皂素、芦荟素等。人们在把娑罗子加工成娑罗子年糕等食品时，需要往锅中加入大量的草木灰

4　日本七叶树的种子。

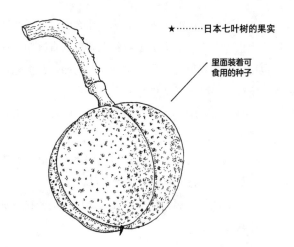

★………日本七叶树的果实

里面装着可食用的种子

（橡子的除涩工作一天之内就能完成，而娑罗子的除涩工作至少需要四天）。因此，在以娑罗子为食的地区，橡子的除涩法也会受到影响。

西塔密粉并非一种突兀的存在。人们是在先有了地炉，又学会了如何吃娑罗子的基础之上，才研制出了西塔密粉。

我们的西塔密粉之所以会制作失败，并没有什么特别的原因，仅仅是除涩的时间太短了。

虽然真相让我们很是沮丧，但我们还是从这次失败当中学到了很多。

东北地区的橡子除涩法受到了娑罗子除涩法的影响，那么，在不吃娑罗子的地方情况如何呢？九州对马岛上的居民过去会吃常绿栎属植物的橡子，这一点

欧洲娑罗子　　　　　　日本娑罗子

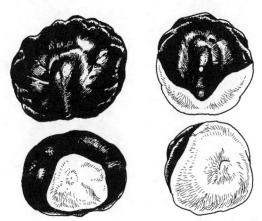

　　我在前面提到过。然而，我还从没听说过这座岛上的人会吃娑罗子（恐怕岛上就没什么日本七叶树）。

　　严原町教育委员会主编的报告书《对马·豆酘寺门樫穴遗址》中，收录了岛上老人口述的栎属植物橡子食用史。

　　根据记载，过去的岛民会把捡来的橡子直接砸碎去壳，然后把橡子碎块放进水桶淘洗两三遍。接着，他们把洗好的橡子碎块包在布里，用流动的水冲洗一个月左右。冲洗完后便可以把橡子碎块混在米饭里食用（这种米饭叫"樫饭"）。这里使用的橡子多为青冈和白背栎的橡子。也就是说，对马岛人在给橡子除涩时完全不会用到草木灰。

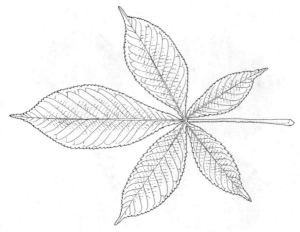

★⋯⋯⋯日本七叶树的叶片

　　由此可见，不同地区给橡子除涩的方法也有所
不同。

　　现在让我们离开日本，看看美国沙漠地区的情况
如何。美国的沙漠里也有栎属植物，当地的原住民也
会以这些植物的橡子为食。

　　在那里，人们也会先将橡子去壳磨粉，再利用水
来除涩，这些步骤和在日本没什么两样。不同点在于
下一步——美国的原住民会在沙地挖出一个坑，把橡
子粉放进坑里，再从上方注水，让水慢慢渗进沙土
里。这种做法就像是用滤网过滤咖啡一样，同样也可
以把橡子中的涩味去除。

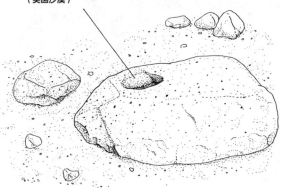

用石头制作的天然器皿
原住民用它把橡子和其他树木的种子磨成粉
（美国沙漠）

阿伊努人的橡子料理

我研究了各地的橡子除涩法。在这个过程中，我发现了一群以全新的视角看待橡子涩味的人。

"东尼尼塞乌"——阿伊努人这样称呼槲树的橡子。

我查阅的是《见闻录·阿伊努的饮食》（农山渔村文化协会，日本的饮食生活全集48）一书。

书中提到，槲树橡子的涩味并不重，经常被人们当作糖果分给孩子。我目前还无法调查槲树橡子的单宁含量，因为饭能市很少有种植槲树的人家，我自然也没有尝过它们的橡子。如果正在阅读本书的读者中

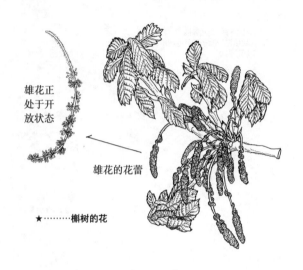

雄花正
处于开
放状态

雄花的花蕾

★⋯⋯⋯槲树的花

有人能捡到槲树的橡子，希望你代我尝尝这种"橡子糖"的味道。

"佩罗尼塞乌"——这是阿伊努人对蒙古栎橡子的称呼。他们也吃蒙古栎的橡子。

等等，蒙古栎的橡子不是涩味很重吗？他们是怎么除涩的？我对这一点充满好奇。

相比于槲树和枹栎的橡子来说，蒙古栎的橡子确实难吃很多。然而书中只介绍了一种"橡子烹饪法"，似乎对三者都适用。

①初秋时落下的橡子个头很小，而且里面有虫子，不宜取用。（啊，这里说的虫子不就是橡实剪枝

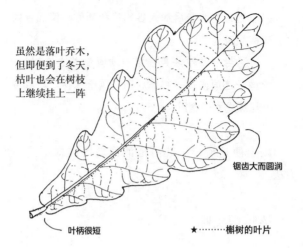

虽然是落叶乔木，但即便到了冬天，枯叶也会在树枝上继续挂上一阵

锯齿大而圆润

叶柄很短

★⋯⋯⋯槲树的叶片

象吗？）

　　②选取完全成熟的橡子，用大锅煮制。这一步是为了杀虫（这次应该是指柞栎象）和防止橡子发芽，同时还有除涩的功效。

　　③捞出煮好的橡子，剥掉外壳。内皮可以先不剥，但要把橡子内部的幼虫和幼虫粪便清理干净。

　　④把去掉壳的橡子晾干，这时内皮只需用手一搓就会脱落。

　　⑤吃之前把干燥的橡子用水泡软，再小火慢煮。

　　⑥待橡子煮到软烂时，往锅中加入已泡发的

豆子继续煮。最后加入谷物粉和油脂，使混合物变稠凝固。

⑦另一种吃法是在第一次煮制并去壳以后，把橡子连同内皮一起捣成团，风干保存，最后再磨粉搓成丸子食用。

以上便是流传于北海道浦河地区的橡子烹饪方法。

涩味很美味！

等等，等等！最关键的除涩法怎么被一笔带过了？不剥壳直接煮就可以了吗？这样能把涩味除干净吗？

原来书中的介绍还没完。

"懂得品味橡子的人会认为剥掉内皮是很可惜的"——我在后面找到了这样的记载。此外，书里还写到，烹饪时加入豆子就是为了减轻涩味，涩味的轻重取决于豆子的多少，喜欢涩味的人可以少加些豆子。

嗯……涩味也是口味的一种。

我之前净想着怎么除涩，现在看来要转换一下思路了。这么说来，学生们做的橡子咖啡在创意上倒是与阿伊努人比较接近。

★……… 槲树的橡子

比麻栎的橡子
更加细长

壳斗的鳞片也又细又长，向
下反翘

　　不把涩味除干净也是有用的。

　　晾干后的橡子粉做成的丸子被用作药物。单宁影响消化，因此可以被用来治疗腹泻。同理，阿伊努人还很喜欢用橡子丸给婴儿当护身符。每当婴儿身体状况欠佳，父母就会用橡子丸磨出些粉末喂给婴儿吃。另外，阿伊努人似乎相信橡子丸本身就有驱散病魔的功效。

　　也许绳文时代的人们还知道很多我们不曾想象到的橡子吃法，这些吃法现在已经被人遗忘。但即便如此，还是有一部分流传下来，逐渐催生出后来的西塔密粉和橡子丸。我们今天依然烹饪橡子，就是为了亲手触摸这些散落的"碎片"。

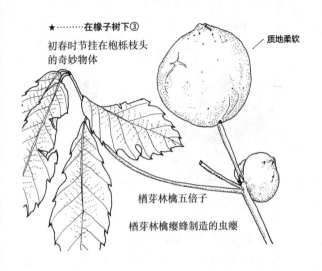

★‥‥‥‥在橡子树下③

初春时节挂在枹栎枝头
的奇妙物体

质地柔软

楢芽林檎五倍子

楢芽林檎瘿蜂制造的虫瘿

拼了命捡来的

"橡子是我们拼了命捡来的。"

东北地区的一位老人在采访中谈到捡橡子时
说——这篇报道的复印件是毕业生真树寄给我的，内
容为岩手县远野市一位山区老人的追忆。

老人还说："我们会把用西塔密（橡子粉）和蘑菇
做成的饭团包在蜂斗菜叶里，带着上学去。"东北地
区过去经常遇到庄稼歉收的年份，每到这时，橡子和
娑罗子就成了当地人的救命稻草。

我还从来没有为了保命捡过橡子。虽然我们今天

也会吃捡来的橡子，但橡子对于我们来说并非必不可少的食物。"吃"是人类与自然产生联系的一条捷径，为了践行它，我们对上个时代的人如何吃橡子进行了调查。然而随着调查逐渐深入，我们似乎看到了某种更"遥远"的自然与人类的联系。

"什么呀这是？一点味道都没有。"

我的心中挫败感顿生，甚至还有点恼火。在我煞费苦心、好不容易用自制的橡子淀粉做出了一号试验品——橡子豆腐之后，学生们给出的试吃评价却是这样的。

不过现在，我已经释然了。

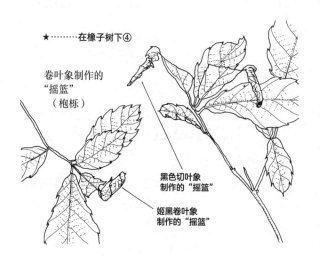

★⋯⋯⋯在橡子树下④

卷叶象制作的
"摇篮"
（枹栎）

黑色切叶象
制作的"摇篮"

姬黑卷叶象
制作的"摇篮"

我本以为人们发明各种橡子烹饪法的目的都仅仅是为了"吃橡子",但其实不然。橡子制品只有在与生活中的其他食物产生关联时,才具有特定的意义。

西塔密粉是日常餐食。西塔密糕（我制作的橡子豆腐的原形）则是仅用于待客的上等食品。

正因为橡子在日常餐食中不可或缺,人们才会"拼了命"地捡橡子。而在没有性命之忧时,人们才有闲心去制作西塔密糕。西塔密糕是一种难得的大餐——当时的西塔密糕背后有着这样的意义。

理惠没见过野生独角仙的事让我觉得好笑,但其实,就连我也很难说自己现在是不是真正过着"贴近大自然"的生活。在当今这个时代,这个问题想必已经很难作答了吧?

来自远方的呼唤

上课的时候,我常常感觉自己与学生之间有代沟。

"橡子不就是橡子树的果实吗?"

"从来没见过橡子花。"

像这种单纯因为"不知道"而闹出的笑话不会让我产生代沟感,反而能让我注意到一些平时没有注意过的细节,是绝佳的学习机会。

然而,当学生们问起"为什么要学生物""自然

雌花

雄花

★⋯⋯⋯⋯麻栎的花

究竟在哪里""研究生物的都是些奇怪的人吧"这种
问题时，我就感到不能理解。

　　起初我只是一味地感到不解。然而在探索橡子之
谜的过程中，那位"拼了命捡橡子"的老人的话让我
意识到，自己与老人之间也存在巨大的代沟。这让我
感觉自己与学生之间的代沟稍微小了一点。

　　不过，代沟小了也不好办。在如今这个时代，人
与自然的关系与"人类该如何生存"这个关键的问题
紧密相连。因此，探究人与自然的关系成了我必须面
对的重大课题。

　　让我们再一次说回橡子——我这种人必须借助具
体的东西才能展开思考。这次我想通过橡子，进一步

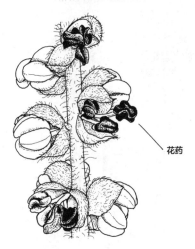

★········麻栎的雄花（放大版）

花药

追索人与自然的关系。

在上个时代，橡子（自然）与人类之间有着无比紧密的关系。然而在不同的时间和不同的地点，这种关系的具体表现形式并不一样。

比如在饭能市，橡子被称作"金堂宝"，但我却从没听说过人们平时会吃橡子。

而在我的故乡千叶县，人们管可食柯的橡子叫"头子"，但也仅仅是在战争时期临时吃过一段时间的橡子（所以说，人与自然的关系是多种多样的）。

想到这里，冲绳忽然与我有了联系。如果仅仅是想探寻橡子与人类之间的关系，无论是在东北地区还

★·········山林中的风景（埼玉县）
被杂树林包围的山间农田
杂树林中的树多为枹栎和栗树

是在对马岛都可以进行。然而对我来说，最佳的选择还是冲绳。

我以前就很喜欢冲绳的自然环境，经常去那里旅行。这次之所以重新奔赴冲绳，是因为我听说冲绳的民谣里有一首提到了橡子的歌。

《鸠间节》

在西表岛的邻海上，有一座名叫鸠间岛的小岛。从我常去的西表岛上原地区的村子里可以隐约望见那座岛的轮廓，但我从没实地考察过。在那座现居人口约四十人的岛上，自古流传着一首著名的歌谣——

　　　　　　　　　Chapter 03 最后变成了这样

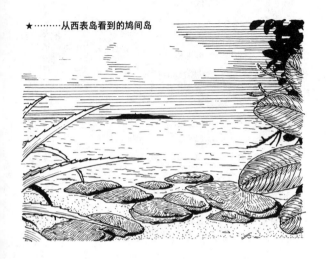

★‥‥‥‥从西表岛看到的鸠间岛

《鸠间节》。

我最初是从一张买来的光盘上听到这首歌的，但说实话，它当时并没给我留下什么印象。

在那之后，我向同事樋口学习了一点点三线琴（冲绳的三味线[5]），因而得到了《鸠间节》的乐谱。我自己练习了一段时间（三线琴是从同事松本那里低价收购来的二手货），结果发现这首《鸠间节》的旋律和三线琴伴奏的部分节奏并不相同，练起来相当吃力——这是我当时最真实的想法（我是个纯粹的乐盲，这还是第一次正儿八经地摸乐器）。

5　一种日本传统乐器。

★‥‥‥‥冲绳白背栎
根部为板状根

这首《鸠间节》之所以会和我产生特别的关联，就是因为歌里面唱到了橡子。提到有关橡子的歌，日本人一般都会想到那首"橡子咕噜咕噜"的儿歌。然而大家都会想起同一首歌，恰好证明了有关橡子的歌数量极少。起初我并没有意识到这一点，直到我为了探寻橡子与人的关系重读《树果文化志》（松山利夫、山本纪夫编，朝日新闻社）一书时，才发现这个有趣的现象。

这本书中收录了一位名叫安溪贵子的学者撰写的有关西表岛橡子用途的文章。安溪在八重山群岛和屋久岛做田野调查的同时，还对当地的老人进行了深入采访。

我虽然去过很多次西表岛，却完全不知道那里的人也曾有吃橡子的时代，而且吃的还是前面提到的那种日本最大的橡子——冲绳白背栎的橡子。根据安溪的文章，西表人会利用河水为橡子除涩（果然没有用草木灰），然后把它们吃掉。

整篇文章里最吸引我的地方，就是介绍《鸠间节》中出现了橡子的那一节。

"如果西表上原村的人跑过来，就让他们用冲绳白背栎的壳斗喝酒。"

安溪简要介绍了一句含义如上的歌词。

怎么会这样？

尽管冲绳白背栎的橡子是日本最大的橡子，可它们的壳斗并没有多大（直径2.5厘米，高1.3厘米左右）。而且，我所知道的《鸠间节》中并没有这样的一句歌词。

我忍不住想调查一下背后的原因。

蛤蜊与橡子

我想了解更多有关《鸠间节》的事情。

虽然产生了这样的想法，但我身在饭能市时还是无法着手调查。终于等到学校放春假，我立刻飞往了冲绳。如果是往常，我会直接越过冲绳岛去西表。但这次我选择降落在冲绳岛，每天去当地的图书馆查阅

★………冲绳白背栎的壳斗

资料。我曾经的同事兼最好的酒友星野现在正巧也住在冲绳，为此，我们每天晚上都会一起去民谣酒吧，采访那里的歌手兼老板娘（而烂醉如泥的我根本不记得采访结果）。

我在图书馆首先找到了一本标题全是汉字的书——《音高符号付鸠间岛古典民谣古谣集工工四》（"工工四"指的是三线琴的乐谱）。书中收录的《鸠间节》一共有十四段歌词，其中被西表岛和鸠间岛岛民称为"阿淀加"的冲绳白背栎橡子出现在第十三段。光盘里的《鸠间节》通常是根据从鸠间岛传到冲绳岛的《鸠间节》改编的舞曲，歌词也只有四段。正因如此，我一开始才没有注意到这首歌唱到了橡子。

第十三段和第十四段歌词意译过来后是这样的——

⑬（西表岛）舟浦村的人如果跑过来，就让他们用冲绳白背栎的壳斗喝酒。

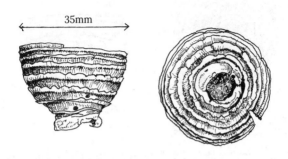

35mm

能用作酒杯的壳斗应该至少要有这么大吧……
（毕业生藤希捡来的）

⑭（西表岛）上原村的人如果走过来，就让他
们用蛤蜊的壳喝酒。

在安溪的文章中，用冲绳白背栎的壳斗喝酒的是
上原村的人，而这里记载的却是邻村舟浦村的人。需
要注意的是，第十四段歌词中出现的"蛤蜊"指的不
是普通的蛤蜊，而是一种叫环纹坚石蛤的蚬子似的
小贝壳（很适合炖汤）。冲绳白背栎的壳斗也同样很小，
因此，这两段歌词其实是鸠间岛的人在拿对岸西表岛
的人开玩笑。

短文蛤
超市里常见的蛤蜊

环纹坚石蛤
《鸠间节》中唱到的蛤蜊

这首歌的背景

故喜舍场永珣撰写的《八重山古谣（下）》（冲绳时报社）中记录了大量明治到昭和时期的八重山群岛民俗和民谣，可以帮助我们详细了解这首歌的背景。

如果用一句话简要概括，就是鸠间岛上的人们由于缺乏淡水，曾经到对岸的西表岛上种田。而这正是一切的开端。

同样由于缺乏淡水，直到战后都在让西表岛岛民深受折磨的疟疾（一种通过蚊子传播的疾病）没有威胁到鸠间岛岛民，让他们平安地生存了下来。

然而自从岛津藩统治琉球地区以来，岛民必须用大米来缴纳一种名叫"人头税"的特殊重税（该制度直到明治三十六年才被废止），因此不得不驾着船到西表岛

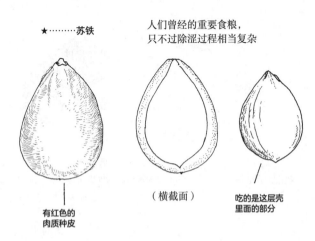

★········苏铁

人们曾经的重要食粮，
只不过除涩过程相当复杂

（横截面）

有红色的
肉质种皮

吃的是这层壳
里面的部分

上去种田。

前来种田的鸠间岛岛民和西表岛本地的农民之间难免会产生矛盾。每当冲突爆发，鸠间岛岛民就只能在西表岛上重新寻找用于耕作的土地。这类事件被如实地写进了《鸠间节》的歌词里。

"西表岛的人来了就让他们用壳斗喝酒！"这种略带嘲讽意味的玩笑话也应运而生。

即使来到淡水资源丰富的西表岛种田，农民们辛辛苦苦种出来的大米也都被当作税金征走。因此，农民的主食其实是红薯。红薯收成不好的时候，人们就只能靠"阿淀加"（冲绳白背栎的橡子）来充饥了。

这样的时代背景与前面那个东北老人的话之间似乎存在某种联系。

★……在橡子树下⑤

"这是什么的果实？"朋友矢寺问。答案是……未成熟的麻栎橡子

冲绳在呼唤

虽然还不知道冲绳白背栎橡子的具体单宁含量，但从老人的话和安溪的文章来看，这种橡子的涩味应该很重。除涩的时候需要更换十次水，而且就算这样也还是会有涩味残留，吃起来味道绝不会太好。

直到近年还在硬着头皮吃冲绳白背栎橡子的好像就只有西表人了。但如果追溯到遥远的绳文时代，凡是长有冲绳白背栎的岛上，人们普遍都以它们的橡子为食。还有报告称，在冲绳岛距今3500～2500年的贝冢遗址里出土了装在箩筐里的冲绳白背栎橡子。

在绳文时代，日本各地的人都在"拼了命地"捡橡子。然而在那之后，随着不同地区的社会情况和历史不断分化，吃橡子的习惯逐渐消失了。我在西表岛认识了两个住在曾经以冲绳白背栎橡子为食的村落里的人，年龄比我大五到十岁。但别说是吃橡子了，他

251   Chapter 03 最后变成了这样

们就连"阿淀加"这个词都没听说过。

即便是在冲绳,"吃橡子"也已经成了历史。但我认为这种说法也不太严谨。因为虽然没有了吃橡子的习惯,有关橡子的歌谣依然在岛屿之间传唱。我在西表岛常住的那家民宿的老父亲（我们一般这样叫他）表面上看只是个嗜酒好事的大叔,然而在采访他时我才惊讶地得知,他居然会唱新城岛自古流传下来的一首关于红树林的歌谣。

我本来是想探寻橡子的奥秘的,没想到不知不觉间,我开始对孕育了橡子歌谣的冲绳地区的风土人情也产生了强烈的兴趣。

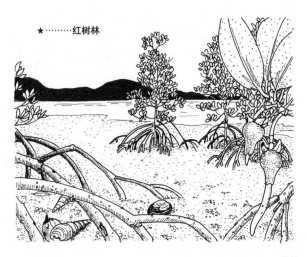

★⋯⋯⋯红树林

犹豫许久后的决定

"螳蜥先生，你为什么总是关注那么多零零碎碎的事？"

一次，毕业生小森来我家做客时这样问道。我记得当时自己心头一紧，说话都语无伦次起来。

小森是那种一旦确定目标就直奔主题的人。我一直很羡慕他这样的性格，但我自己却总是喜欢做各种各样的尝试。比如我会捡东西，把捡到的"零碎"收藏起来后，又开始捡新的东西。这个过程虽然迂回漫长，但当"零碎"积攒到一定数量之后，我往往会忽然找到事物之间的关联。与橡子的相遇就是一个典型的例子（只不过我并没有设立明确的目标）。

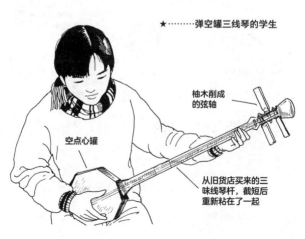

★·········弹空罐三线琴的学生

柚木削成的弦轴

空点心罐

从旧货店买来的三味线琴杆，截短后重新粘在了一起

冲绳地区的风土人情深深地吸引了我。我有一种预感：了解冲绳风土的过程会帮助我进一步探明人与自然的关系。我是个捡东西成性的人，每天都必须捡点什么东西才能安心。因此，要想切身感受冲绳的风土人情，最好直接在那里生活一段时间。

要不从学校辞职？如果想住在冲绳，就必须离开学校。可我现在任职的学校还挺有意思的，里面有安田、远知这些能力很强的同事，还有很多个性十足的学生。而且，我已经在饭能生活了十五年，感觉身边的杂树林也充满了自然的魅力。

我犹豫了许久，最后还是选择了辞职。

"想做的话就去试试！"

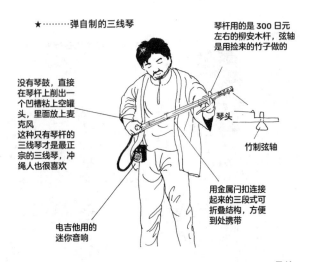

★⋯⋯⋯弹自制的三线琴

琴杆用的是 300 日元左右的柳安木杆，弦轴是用捡来的竹子做的

没有琴鼓，直接在琴杆上削出一个凹槽粘上空罐头，里面放上麦克风
这种只有琴杆的三线琴才是最正宗的三线琴，冲绳人也很喜欢

琴头

竹制弦轴

用金属闩扣连接起来的三段式可折叠结构，方便到处携带

电吉他用的迷你音响

我平时总是这样劝说觉得对前途感到迷茫的学生，现在终于亲身体会到了选择的痛苦。

最后变成了这样

　　我的母亲是一个民间历史学家，虽然身居千叶县，却一直在搜集她的故乡——青森县的历史。她的这份执着差点让我对"东北地区"这个词心生抵触。不过，我喜欢探究感兴趣之物的性格，倒是从她那里继承来的。

　　有一回，母亲听说我有辞职的想法，便命令我回一趟老家。我回去以后，她对我说了一番话，大意是

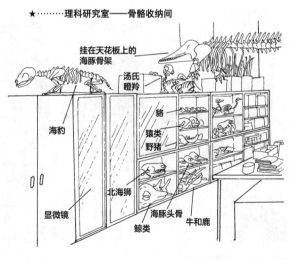

★⋯⋯⋯理科研究室——骨骼收纳间

挂在天花板上的海豚骨架

汤氏瞪羚

貉

猿类

野猪

海豹

北海狮

显微镜

鲸类

海豚头骨

牛和鹿

她们家的人身体里都流着一种爱走歪门邪道的血（好像母亲的父亲尤其如此）。我的父亲听后也不甘示弱地说，他们家的人都有种爱卖弄"半吊子"本事的毛病。

"你不建博物馆了吗？"毕业生们这样质问我。其实现在想想，当时任职的那所学校的理科研究室，可以说就是我的博物馆了。"博物馆"这个词至今还深深扎根在我的心中。

决定辞职以后，我惊讶地发现，自己居然还有点想继续从事教育行业。这对于之前动不动就说"想辞职"的我来说是个天大的意外。

我现在住在冲绳。捡橡子、吃橡子、围绕着橡子做过各种各样的思考以后，我最终落到了这般田

★·········冲绳住处附近的森林
那霸市一带的石灰岩地上没有壳斗科植物，但有很多的无花果等榕属植物

地——失去了熟悉的杂树林，也失去了稳定的工作，每天都像个胆小鬼似的暗自啜泣。但即便如此，我还是会怀着对未知事物的期待，在这片全新的土地上到处游逛，不停地捡这捡那，就像是十五年前第一次从千叶县的可食柯树林踏入饭能市那片前所未见的杂树林一样。

我究竟是顺顺利利地长大了，还是没有彻底长大？我到现在都还说不清。

唯一可以肯定的是，橡子捡着捡着，我就变成了今天这样。

最后一句

来到冲绳已经一年了。我现在任教于朋友创办的超小型学校"珊瑚舍Schole",每周给孩子们上两天课。

"螳蜥先生不来学校的时候都在干吗呢?"新学校的几何同学这样问我,让我一时间无言以对。"你有家吗?"几何接着问道。果然无论我走到哪里,都会遇到有意思的学生。

为什么会在冲绳创办学校的问题还是让朋友亲自解释比较好,这应该与人们"自主选择原始经验"的倾向有关。现在的人们往往不会一直待在故乡,而是想在哪里生活就去哪里生活。万一有年轻人选择来冲绳,在这所学校里学到的经验就能派上用场。至少,早已过了"积累原始经验"时期的我对学生的未来满怀期待。

近几十年来,冲绳的自然环境发生了翻天覆地的变化。老冲绳人心中的"自然原貌"只能从他们的讲述中得知了。同时,眼下的自然环境也正塑造着当今冲绳儿童心中的"自然原貌"。探索这两者之间的关系正是我的兴趣所在。自打来到冲绳,我越发感觉"身边的自然与远方的自然"这个课题任重而道远。

最后,正如文中所介绍的那样,我在创作本书时参考了很多学者的著作,并收到了很多朋友寄来的素材。动物出版社的久木老师不仅多次审读了稿件,还与我共同切磋了人生。我想在这里向他们表示感谢。

文库版后记

移居到冲绳十多年后，我还做起了大学教师培训的工作。在我去过的那几所大学的学生里，冲绳本地人占九成，而且他们中的绝大多数都出生在冲绳岛的中南部。

"捡过橡子的人请举手。"

我在一堂课上这样说道。当时举手的只有一个来自京都的学生。那个学生本人自然是很惊讶，我也通过这件事对冲绳岛中南部的地域特殊性有了更深刻的认识。这片地区几乎没有会结橡子的树，原因之一就是这里的地质类型属于石灰岩地貌（石灰岩地貌上特有的奄美青冈在部分地区是可以见到的）。因此，对于生活在冲绳岛中南部的人们来说，橡子并不是一种熟悉的存在，甚至有不少学生以为冲绳根本就没有会结橡子的树（实际上冲绳岛内分布着五种会结橡子的树）。

"既然没见过橡子，你们是怎么知道橡子这种东西的？"我进一步追问。

"从宫崎骏的电影《龙猫》里知道的。"

这个回答有些出乎我的意料。

"小时候我一直以为松果就是橡子。"

另一位冲绳本地的学生说道。原来就算身边没有橡子，本地人也会通过各种媒体了解到它的存在，只不过这样一来，他们很可能把身边的一些其他东西当成橡子。

我让这些没见过橡子的学生尝试烹饪冲绳白背栎

的巨大橡子。生活在冲绳的这段时间里，我发现冲绳岛北部山原地区的森林里也有能捡到橡子的地方。

"这个能吃吗？像泥巴似的。"

学生们在烹饪时产生的疑惑和我在埼玉县碰到的如出一辙，同时又存在很大差异。

"好难吃！"

给冲绳白背栎的橡子除过涩之后（用的是把生橡子捣碎后用水淘洗的方法），我让学生们试着用橡子粉制作了大阪烧，最后大家都表示味道差极了。

"什么，难吃？涩味已经除得很干净了呀！虽然吃完之后稍微有点回苦，但那正是橡子的本味，还挺好吃的……"

似乎只有我一个人这么认为。

仔细想想，这背后其实有"地域"和"时代"两方面的原因。

我在埼玉县做教师的时候，挑战烹饪橡子的学生对橡子十分熟悉，只是不知道橡子也能吃。因此，当他们看到橡子被做成食物时，最先表现出的是对橡子"居然能吃"的惊讶。这也导致了他们对橡子料理的评价是正面的。相反，冲绳的大学生对橡子还十分陌生，想当然地把它当成了一种专门用于烹饪的食材。比橡子好吃的食材多的是，所以他们对橡子料理的评价就成了负面的。

除了这种地域上的差异以外，如今这个到处都是美食的时代也是导致橡子料理收获差评的原因之一。在这样一个时代，我们费尽千辛万苦除涩后的橡子粉并不会被当作"不苦的好吃食物"，而被当作"无味的难吃食物"——拥有这种倾向的"时代"比我在埼玉县当教师那个"时代"又进了一步。虽然辛辛苦苦做出来的橡子料理被说"难吃"让我很是沮丧，但这的确就是现实。这件事让我深切地意识到，我所面对的学生才是现代冲绳自然环境的真正象征，而学校就是如实反映地域特殊性和时代变化的前沿阵地。

近年来，学术界在"橡子的涩味与动物的关系"方面又有了许多新发现。说起爱吃橡子的动物，人们往往会第一时间想到松鼠，但研究结果表明，日本的松鼠其实并不爱吃橡子。（所以"一提橡子就想到松鼠"这种错误的认知是怎么形成的呢？）近年来类似课题的研究成果收录在森广信子的书《橡子的战略》（八坂书房）中，这本书于2010年出版，我在本书中也引用了其中的部分内容，感兴趣的读者可以去参考全书。如你所见，橡子里还藏着许多未解之谜。

移居到冲绳以后，我每年还是会回母校千叶大学去捡可食柯的橡子。去年秋天捡来的橡子现在还被我保存在学校的冰箱里。对应到机票钱的话，每个橡子合多少钱呢？我一方面会这样算计，一方面又觉得每个橡子中藏着的谜题都是无价之宝。

2011年6月3日 盛口满

解说 松村正秀[1]

我读的第一本盛口满的书是《螳螂蜥蜴老师的森林学校：去寻找冬虫夏草》(日经科学社)。这本书出版于1996年，自那之后我便成了盛口的粉丝，书架上转眼间就有了十多本他写的书。

我最初是从故森毅老师的《蘑菇的不可思议之处》(光文社)中了解到冬虫夏草的存在和它的有趣之处的。这本书是1986年出版的，在那之后的十年里，我买了很多有关冬虫夏草的书来看，却没有一本能像盛口的书那样简明有趣，让人心潮澎湃。

盛口比我小8岁，然而在读他的书的过程中，我不知不觉就成了他的学生，偶尔还会忍不住举起手来大喊："老师！我有问题！"

要是真的能去他当时任职的自由之森学园，以学生的身份听一堂课，该是多么幸福的一件事啊！

大约十年前，我曾经和一个名叫SAKEROCK的新人乐队同台演出。当天的演出很成功，我在庆功宴上和乐队里的成员聊这聊那，结果发现他们全都是自由之森学园的毕业生。

"是螳螂蜥蜴老师的学校！"我立刻说道，他们听后有些诧异地回答："啊，对！就是那所学校！"仅仅

1　日本双吉他组合GONTITI中的一名吉他手，1954年生于大阪。

是知道这一点就让我欣喜万分，觉得这支乐队肯定前途无量。

不出所料，SAKEROCK后来成了很有名的乐队，持续产出了许多原创音乐。乐队的队长星野源在表演方面也很有才华，出演过NHK的晨间剧《怪怪怪的妻子》。我在稍作调查后发现，永积崇[2]好像也是自由之森学园的毕业生。

不愧是盛口老师所在的学校，培养出了很多个性十足的优秀人才！

让我们把橡子的话题再往后放一放。其实我现在正热衷于研究豆类，这恰恰因为我最讨厌的食物就是豆类。有一次，我在GONTITI乐队里的搭档三上雅彦告诉我说："吃几粒豌豆顶得上吃一大堆蔬菜。"由此我才下定决心试吃了一道用豌豆做的菜，结果发现非常好吃，没想到我活到56岁才终于能吃豆类！说起来，我最喜欢的食物是酱油，但仔细一想，酱油的原料其实也是豆类。为了化解这种矛盾心理，我对豆类产生了兴趣，阅读了各种各样的相关书籍。

于此期间，我在书店里找到了盛口的《西表岛的巨大豆子与奇异之歌》(动物出版社)。那本书讲的是豆类漂洋过海的旅程，也十分有趣。像这样，每当我着手调查自己感兴趣的东西时，最后总会与盛口的书不期而遇。

2　日本歌手，1974年生于东京。

他的每一本书都配有精美的插图，看起来简单易懂，对我这种初学者来说再好不过了。

我就是在读那本书的时候，接到了写这篇解说的委托。我当时有点吃惊，虽说这本书讲的不是豆类而是橡子，但橡子正是三上雅彦最喜欢的东西！所以，或许这篇解说应该让三上来写。迄今为止，我从不关注自己兴趣以外的东西，然而盛口的书却有一种强大的力量，总能让我抛开这种执念。

这本有关橡子的书也是如此。之前我只是知道橡子有很多种类，没想到它们之中还藏着这么多有趣的秘密……是盛口强大的感召力和敏锐的洞察力让这些秘密浮出了水面。盛口就是 21 世纪的法布尔。

今后，那些读着盛口的书长大的孩子一定会成为未来的法布尔和南方熊楠[3]，在各自的领域大放异彩。其实我也想成为那样的人，只不过可能有点晚了……

我和盛口果然有着天壤之别。我目前研究过水母、墨鱼、桃子、海象、蝉和豆类，却从来没有向下深挖到他那种程度，每一样都是浅尝辄止，最后成了个普通的杂货收藏者。

几年前，我在大阪市立自然史博物馆听了盛口的演讲。那是我第一次见到他，也是第一次和他说话。当时我非常激动，心想：啊，这个人不愧是本尊！

3　日本近代杰出的生物学家、民俗学家。

　　　　　　　　　　解说 松村正秀

我之所以会这么想，是因为盛口的着装。他当天要在很多人的面前演讲，身上却只穿着旧T恤和旧裤子，就像是刚从山上下来似的。虽然这么说有些过分，但他那副不修边幅的样子真的很像住在旁边公园里的老大爷。

　　嗯……本尊果然与众不同。无论外表如何，我都觉得他投身于自己喜欢的事业这一点十分帅气。

　　在那之后，我和盛口保持着书信往来，他还来看过我们在冲绳的演出。但即便如此，我还是始终觉得他是我的老师。

　　（补充）"写一本有关臭味生物的书吧！！"我在之前发给盛口的邮件中这样写道。虽说我也可以在调查一番过后亲自撰写，但盛口肯定能比我写得更加出彩。

　　我知道盛口不是那种言听计从的人。但是万一将来有一天，他真的写出了一本有关臭味生物的书，还望各位读者多多支持。我对那本书满怀期待！！